U0113155

话说 福州温泉

Legend of Fuzhou Hot Spring

唐希 著

海风出版社

HAIFENG PUBLISHING HOUSE

目录

●叶锦先

2013年7月7日，吾在福建省科技馆二楼学术报告厅讲座"夏季养生"课题，吾友作家唐希应邀出席，会后他赠送一本摄影专集给吾，并嘱要为他新著《话说福州温泉》一书写序。接过这本新作初稿，由衷高兴，他是多产作者，为福州文化又增添亮点。

当夜我手捧书稿，每篇诵读一遍，一口气读完十二篇至深夜，上床闭眼久久未能入睡，脑海里浮现出福州温泉幕幕景象。该作以时间为引线，从古至今贯穿着温泉的兴衰、变革、发展……吾回想1955年夏天来福州考大学时，曾到福州温泉泡澡一次，记忆犹新。温泉高、中、低不同温度的三口汤池，只能在中、低两口汤池泡澡，硫磺蒸汽扑鼻十分浓郁，当时认为这对皮肤消毒大有裨益。吾福建医学院1960年毕业到南平市立医院，临床诊疗中凡遇到皮肤病就想到福州温泉可以防治……后来又到福建中医学院学习中医，之后返梓古田工作十年，1980年再返福州，于该学院从事科研、教学及临床工作，经常宣传、应用温泉疗法来造福病人。近年来吾经由省老体协接待也到过贵安温泉，新建温泉山庄设备齐全，至今犹有余兴。也曾想过与唐君合作出一本关于该疗法之专著。

今纵观吾友唐君之书运用灵机生动笔调，将丰富的史料取精去粗，呈现五有：有古、有今、有文、有史、有图，一幅幅由他现场摄影，一章章由他亲笔撰写，一篇篇标题新颖的故事深入浅出。细阅之可发现三大特色。其一，从温泉古今历史说起，从原始状态下的合理猜想到有口头传说的两晋、唐末五代再到有史记载的宋元明清、民国初，连成一串简约的温泉史话。其次是他对半个世纪中温泉往事的亲历及对今天城中及周边温泉的寻访，尤其是大约50年前温泉路金汤境的回忆与追访构成了本书特有之史料价值。其三，他在温泉体验后总结了对未来温泉的思考，提出"回到温泉的精致概念上来"、要办"温泉主题医院"以区别于普通浴室、办"公共免费浴室"以方便社会困难人士的设想，体现了"温泉之都"的"大爱"精神。虽然实践中必然困难重重，但敢于设想便有希望，因为这是以爱贯穿普罗大众，是社会文明进步的方向。书中尤其让我感兴趣的细节是：20世纪80年代，福龙泉澡堂当年叫"新榕浴室"，与福州市中医院有过一次合作，开设按摩理疗室，为浴客作保健服务和治疗，因为没有利润，三年后画上句号。这不正是今日温泉重新发展的趋向吗？温泉是属于健身的，它不完全是娱乐场所，正因为温泉能治病，才有金汤的美誉。

全书以引人入胜的方式叙述的故事，相信福州人读之倍感亲切，外地人阅之可增加对福州的了解。本书之出版，必然深受史学、文学、摄影、民俗各界，特别是爱好旅游人士和医学界的青睐，吾今写序较难，仅此致贺以表恭祝。

贺于2013年7月12日

本文作者系中西医主任医师、教授

闽江上游的三大支流-建溪、沙溪、富屯溪在南平的剑津渡汇合成闽江干流,在尤溪口、樟湖坂附近吸纳了尤溪水,在水口包融了古田溪之水便完成了闽江中游的流程,从水口到入海口被称为闽江下游流域,连同下游最大的支流大樟溪都属福州地域。

也许是因为闽江下游地表结构特别,自北向南一过水口,左岸就有闽清的桔林乡汤兜温泉(今大明谷温泉),右岸不远处便是雄江镇的汤下温泉(今黄楮林温泉)。以此为起点,闽江下游两岸温泉密布,自古就是自涌于地表。闽侯的白沙、荆溪、南屿等,永泰的梧桐、城峰、清凉、葛岭,以及连江、福清一带均布有温泉。尤其难能可贵、天地赐福的是在福州城市的中心腹地,在五一路与六一路之间以温泉路为中心的地热带,其温泉眼更是遍地开花。近年,甚至在闽江流经福州城分港的乌龙江水下都发现了有利用价值的温泉。

地表的降水沿着大地的裂隙渗入,在地层深处加热成热水

▲ 华灯初上御温泉

并储存于地表的沉积层中，寻找地表覆盖较薄弱的地方自涌成泉。而闽江作为大地的"峡谷"，其岸便成了温泉的摇篮与诞生地。

闽江下游也因此成为举世闻名的温泉之乡。它是福州城之所以有福的重要元素之一。

泡在温泉汤池里，享受来自地球深处温暖、柔润的拥抱，一个傻呼呼的问题从水里泡了出来："福州人，你到底何时开始享用温泉？"翻开古书，前人的文字在讲述：较早的官办温泉浴室始于北宋，1062年福州郡守元绛在查阅福州地图时看到了有关温泉的地名，于是亲自前往视察，探到自涌于田间地表的温泉源头之后，便令人疏浚，并用天然原石垒成井台再环绕着温泉井搭起了瓦舍和亭宇。那时人们将澡堂叫做"温室"。

更早的记载始于五代，公元944年即闽天德二年，当年的越南叫占城，国王派宰相前来闽国朝拜，不料途中染上骄疮，听说福州有含硫磺的温泉专治此疾，只泡几天便痊愈了。留下一方歌颂金汤圣泉的碑文，数十年后越南人送来占城优质的水稻种子叫"黄占"，报答这片有福之地。正史的记载往往落后于民间事件的发生。当代的文化人有了一些突破，将福州的温泉史再向前推移：先是901年王审知建唐罗城，七年后建萧梁夹城，两次建城的东向与东北方向工地大约是在今天五四路、井大路、观风亭至树兜一

▲ 垒石围池

▲ 竹水勺的古韵

带，建城民工在这里挖掘了汤井，垒石围池开始了温泉的洗浴，有了古三座澡堂的原型传说。

后来，有文史工作者听信了东大路晋安河桥西北的日新居卢氏业主世代相传的口述，说它的澡堂发端于"郭璞迁城民工洗"。大胆地推断福州温泉浴始于西晋太康二年即公元281年，那时中原派来的太守严高筑城时"开凿人工运河"。一段访谈中总结出来的文字被写进《福州温泉志》，在大事记中作为开篇，成了福州温泉沐浴史正史的开笔。这是需要点勇气的。难道福州温泉沐浴史就只有这不足两千年的时光？当然，更早的时候这福州城区还泡在海水里，温泉眼在海湾中，泡在龙宫里。然而，并不浸泡在江海中的闽侯、闽清、永泰的山间温泉就没有被利用吗？

思路在影像中漫游。记得动物世界里有这样一组镜头：冰天雪地的北国，群猴在雪地里游玩，一只成年公猴独占了一处天然温泉眼并泡在热水中，除了两只眼睛在转动外全身纹丝不动，任雪花随处飘落，身边有冒热气便OK！

猴可如此，人类为何不成。

想起了黄楮林温泉，就在泉眼旁一个当地小学教员讲述的故事。树林中有一泓热泉被采药人发现了，垒几块半身高的岩石便成了池。白天，这里是男人的天下，有农夫、有砍柴人、有过客。山里的夜是静的，几乎没有女人敢出门，女人便没了大自然温泉洗浴的权利。后来，邻村来了个女子领着一条狗，她大胆地沐浴，狗就守在通往温泉池的道口。她为妇女赢得了温泉山野沐浴的权利。

再一个故事发生在二十多年前。城市里的一群文化人来到永泰山里，听说村里有温泉在山凹里便去了，一看这如何洗呀？没门没瓦没盆没桶，只有两口"天池"加上两个舀水的竹节。在村民的鼓动引导下，城里人开始忧心忡忡地宽衣解带。入水了，有的光腚有的还穿着短裤。很自然地在水中开起了辩论会，分别称"光腚派"和"短裤派"，主题是"要不要回归自然"。

▲ 溪谷成池

我想起了昙石山人。三五千年前，如果昙石山人遭遇温泉会怎么办？幸好考古还未挖掘到这个主题，要不然也许会愁坏了博物馆馆长。在遍布温泉的闽江流域，昙石山人一定"野浴"过温泉。就在大地回馈热情的泉水边，断发纹身、赤身裸体的昙石山人也会垒石围池，然后被热泉拥抱着。也许，他们还有了沐浴工具的发明，或许还编造过美丽的传说，只是他们乘着独木舟漂洋过海去了，将他们的洗浴习俗带去南海诸岛并在那里传播，而他们编造的传说故事口头文学也因此没能在中原南迁汉民的后代中流传。

一切民俗的文字游戏都是人们在后来编纂的。中原文化是龙的文化，它是在闽蛇文化的基础上长角伸爪的。说是东

海龙王有个不学无术的第九龙王子因贪玩欠修炼而不能升天，被留在福州。他为此哭瞎了双眼成了一条"青盲龙"（福州方言：瞎眼龙）。他的眼泪汇成泉便成了造福福州人的温泉，龙子为此深感欣慰。传说显然带着20世纪50年代"牺牲我一人，服务千万家"的理念。

在闽侯南屿的双龙村，因龙湖山的小山凹里出了温泉而闻名于世，有人又编了更多离奇的故事，故事里易学大师郭璞几乎成了武侠小说中的擒龙武术师……浸泡在福水龙泉之中，怀想福州人远古的沐浴方式，万变不离的唯有"垒石围池"。

金汤境的守护

福州城称为"境"的地名存世量并不大。翻开1982年编的《福州地名录》，记录着"境"的地名仅有区区十三个。它们分别是华大的长河境，南街的车弩境，安泰的文峰境、惠安境，新港的太保境，茶亭的斗南境，水部的龙庭境、通天境，鼓西的后浦境、怡山境，东街的竹林境，义洲的浦西境和东门的金汤境。在中国的封建时代，建筑上的坊巷制和行政上的里社制之外，每个人群聚居地往往会有一个供奉民间信仰神灵的庙宇叫"境"。小"境"管几个社的香火，大"境"有时被十几二十个社的百姓供奉。庙宇里的神灵有的是有着广泛信众的传统之神，也有的是在历史上造福当地乡梓的真实人物死后被奉为神。久而久之，这境名便成了地名。

作为地名，这十三个境今天大多已不存在了，少数几个化成了早期新村的名字如：竹林境新村、太保境新村。难得的是温泉支路旁还有一条小路叫金汤境。

现在的金汤境西起温泉支路醒春居汤池店大楼的东侧，从

▲ 本书排版之时温泉路上有韵味的老房子正被拆除

温泉幼儿园围墙边下坡后是一条S形的小街，夹在新村建筑群中。拐个弯再向东，在原福龙泉汤池店今天的鑫泉休闲堡门口与金泉路对接。我一时还没找到庙宇式的建筑。作为庙宇的"境"在哪里？

在我的记忆中，金汤境是地名也是庙名。半个世纪前，那也是一条S形的小三合土路。温泉路的大众澡堂和温泉澡堂间有一个宽广的街口，据传说那里是汤门的小广场。从广场向东有一条小河在这里自北向东转弯，走过河上的小木桥，桥头左侧有阿五清汤面店，店后是福华清、三山座澡堂。沿三山座多窗户的围墙走向木板围起的凉汤池和温泉井，前方有一口鱼塘，鱼塘上有两座旧木搭建的水上厕所，还用了旧棺材板当"透板"，每当"阿堵物"扑通一声落入水中，水中鱼儿翻腾争食，一时间厕所便成了摇晃着的"观鱼港"。而小街右侧依次是店面、醒春居汤池店、菜园、民居、观音堂、温泉小学、鱼塘。鱼塘前过民居转向北面就到了小街尽头，福建省食品局红砖宿舍门附近有福龙泉汤池店等。

▲ 1960年代建造，曾经是福州最棒的温泉澡堂

▶ 湖东路上的汤涧古庙不大的牌坊在现代建筑中很抢眼

鱼塘前的转弯口，北临鱼塘、南临河的是一座庙宇式建筑。这座民间又称为金汤境的汤涧庙宇就是当年的温泉小学，或者说当年的温泉小学便办学在汤涧里。有着方形石匾的汤涧大门开设在北面山墙上，门前是石条砌成的池边小道。汤涧的东墙上开着两扇小门和两扇高高的圆窗，窗外池塘与田园间有条田埂小径直通远方。古庙如同巨舰停泊在河水与池水之间。

从北大门进入庙宇，屏风之后是天井，即是温泉小学的操场。向左走，镏金藻井下是一座大戏台，围着精致的木雕花栏板，左右石柱上还刻着楹联。这里是学校最高级别六年级通透式最"豪华"的教室，几十张无油漆的简易杉木课桌椅朝向一面木架的黑板。我的母亲就在这无门无窗的敞开式教室里，在镏金的藻井下授课一年又一年，古老舞台的共鸣放大了并美化着她的声音。而教师们的办公室就设在北侧的酒廊上、原本富家人看戏的地方。

古迹

湯澗殿

廣時得帝君靈庥

小巷藏名澗古殿

消防
禁停

进大门向右走，原本供奉神灵的前后大殿被两米高的木板田字型分隔成四间少透光不隔音的教室，一至四年级的学生集中在这里上课。沿着北墙根有搭建的长条型木构围栏，栏扳内是汤涧存放龙舟的地方，老龙舟常年倒覆在木架上，看龙舟的陈氏老人临街朝西开一简易小食杂铺，专做学生的小本生意。我从板缝里窥视过幽暗的龙舟，印象中它太老了，油漆斑驳，脱落严重。那年代，人们为温饱奔忙，民俗活动被社会主流所忽视，但端午节的龙舟还是会被庄重地"请"出，由农夫们扛下河道。在小木桥的东侧下水，于是鼓声响起混合着行舟的呐喊声。留在舟舍的是香火的遗痕，而龙舟下水时的民俗与宗教仪式我始终没亲历过，虾龙都在我去上课的时候开始亲水行动的。听到龙舟特有的鼓点声，小学生们便会挤满了学校后天井的木栏杆前，身子随鼓点而动，心中盼望的却是奶奶、外婆正在包扎着的米粽。那些年孩子们太挨饿了。

从旧大殿的正中间开有一条通道通往庙宇的后侧，殿后倒朝是五年级的教室，它与观音堂仅一墙之隔。倒朝前的后

▲ 这口八角井只是象征性仿品，大而粗犷的原作早已消失 （徐希景 摄）

天井北侧有一扇双开边门，通往金汤境土路的转弯口，过街便是三山座澡堂汲水的温泉八角井。

八仙桌大小的温泉井是用原石砌成近似八角形的井台，尽是土黄色的百年硫磺老垢。用几根杉木支起尖塔式的井架，以井架为支点架起一根细杉木，一头用竹杆系着木吊桶伸入井中，另一头捆扎一块花岗岩作重垂，半裸的工人每天二更起便利用杆杠原理咿咿呀呀地在井台上常年用体力上下吊桶以提水，并倒进三合土的水槽里注入破木板围挡的露天储水池中。每打一桶水，井里便会发出水桶搅动水面、水浪撞击井壁发出的共鸣声响。那井的水温极高还混合有浓浓的硫磺味，可治皮肤病。民间对高温井素有"杀狗泉"的称号，这在谢肇淛的《五杂俎》中有过记载。我听当地人说曾经有过一个汲水老工人不慎连人带桶落入井中，所幸挣扎之中脚触井壁，用力一弹，紧抱着吊桶的竹杆，靠着杠杆的力量弹回陆地，可是精神已在惊吓中崩溃，精神之伤害比肉体被烫伤还要严重。这让少年的我一近井口就毛骨悚然。

▲ 今天的温泉幼儿园大门及围墙

大约是在1960年代中期，温泉小学改建并与永安街的东大幼儿园互换校园，21世纪初鸟枪换炮迁到温泉公园旁。"文革"之后，原东大幼儿园更名为温泉幼儿园，又与武警部队调整用地，围墙外的河道被填平成了今天的温泉支路，当年池塘边的田埂小道如今成了金泉路。

作为庙宇的金汤境汤涧在原址上消失了，所幸一条小街与之同名，得以留存。留连在小街，耳边响起当年在温泉小学当教师的母亲教我唱的一支歌……

本书临结集出版之时，我再一次到温泉路周边寻访。在深藏于金汤境小巷新村建筑群的角落里，经热心人指点找到了日常紧闭小门的"福龙泉堂"小庙宇。这是陈氏家族的小祠堂，仅四五平方米供奉着他们的先祖，说是从河南迁长乐，再从长乐迁福州。敢称"福龙泉堂"又立在福龙泉老澡堂旧址西南侧，这就是开发福龙泉澡堂的陈氏家庙。每月初一、十五均有陈氏人前来祭祀，每年的五月初一便

▲ 复建的金汤境庙不大却异常精致、简洁，由八十高龄的郑姆姆照料着

是其先祖的华诞。给我开门的陈氏依姆生于1948年，在温泉小学毕业，她不加思索地说出她六年级语文老师、我母亲的姓名。我说：在戏台顶上课。她笑了。好像是对上了口令的暗号。

听说，离这不远的过洋坽在通往原海山宾馆后门的小巷附近有一个庙宇叫金汤境。一个风和日丽的下午我去了，几经查问在政协大楼建筑工地南侧的大榕树下找到了金汤境。这是一座建筑面积不大却精致非常的小庙，殿内整洁有序，供奉着本境大王、临水夫人等。满头白色短发的守庙郑氏老依姆今年81岁，是庙的第五代传人。她说，原本立在温泉路通向过洋坽商业厅宿舍小路西侧的庙宇很壮观，那山墙翘角的结构听上辈人说是唐宋时代的样式。如今，庙中的本境大王夫妇及临水夫人还是祖传文物，正上方悬挂着"过洋坽金汤境"的加框青石匾，书法刻工均很有品味，是重建之后在地的凯旋集团老板赠送的。每年六月初六是本境大王的诞辰，过洋坽的不少原住民回来了，热闹无比。庙前就是过洋坽河坝，七月大潮非常壮观，是

▲ 汤涧执事牌
◀ 福龙泉堂系陈氏家庙

放生水族生灵的好时机。老依姆说这庙是建在风水穴上的。殿外庙侧树下有一树神龛，那大榕树是很有灵性的。老依姆帮我回忆起不少温泉往事的细节。

又听说，在湖东路上复建的汤涧颇有规模。我直奔湖东路，在原先二塘村的旧址上建起了福建省国土局，土地局大楼西侧的金泉弄似乎是为"汤涧"开辟的。重建于2002年的汤涧是由一批二塘村年轻力壮的龙舟队小伙子为骨干倡建的。

我印象中的二塘村有几十户农家，在过洋垱琼东河边临河临池，世世代代亲水生活着。往日二塘村的少年有一口温泉氟锈的黑牙，一身太阳晒得的棕黑皮肤，水性特好，每年，他们最盼农历五六月。涨水时节鱼虾泛游，不仅可驾小舟驶小艇，还可以张网捕鱼虾，在这水乡一年难得的大好时节里大人也不太约束他们，水性好的孩子也没听说落水事故发生。

◀ 抱着虾龙首出场的龙舟赛手
▶ 汤涧殿由二塘村村民复建于2002年

20世纪80年代，龙舟竞赛活动得以恢复，原先存于温泉小学北墙根的那艘老龙舟太老不能再参赛了，二塘村人打造了新龙舟。按当地的民俗，原本属于五灵公系列的龙舟都叫"虾龙"，新虾龙下水必须请五灵公神灵附体。于是由龙舟而找寻"文革"中失散的五灵公真身和夜明珠等遗物。动乱中冒险保护了菩萨和文物的澡堂从业人和农家纷纷献出了收藏。新塑的神像被裹上红布，到温泉小学的汤涧原驻地燃香焚箔"请回"神灵，并在二塘村择地建起了新庙宇，按五字为吉的民俗取名：古迹汤涧殿。几代庙管人员大多都是温泉小学毕业的学生，事业有成很有活力。现在的汤涧殿一楼是活动室并停泊龙舟，二楼为庙宇，祀华光大帝、五灵公、关圣帝等，保留了原汤涧的功能。有灵性的划龙舟小伙子还拜师学习了民间信仰的科仪。传承五灵公信仰的同时传承了福州特色的龙舟文化。每年农历五月龙舟下水的仪式，因此颇具特色。

2013年汤涧又造了一艘新龙舟，按国际赛事标准有18格坐36名赛手，加上艄公、船头旗手（兼燃放鞭炮）、锣鼓手

各一名共40人。聘请闽侯南屿专业师傅制造。木本素色的新龙舟除龙首之外只在船头绘上虎纹,船首左右舷绘上龙虾和汤涧字样,连它的舵、它的鼓都是木本色的。试水的龙舟是一条见习的龙,它要在完成试水之后按赛手的要求由造船师傅再调整加固,然后油彩纹身,那时,才是真正的龙。

五月初一,是新龙舟试水的日子。汤涧殿内殿外张灯结彩,今年新安装了电脑显示屏,滚动着海峡两岸五灵公信仰的文化信息。信众早早地来了,尤其是中青年的龙舟赛手个个风华正茂。福州的龙舟队是结盟的,几个队伍相互结为"亲家",日常相互沟通,赛时相互帮助、礼让。只见一队队"亲家"在当家人的带领下扛着龙旗、两面桨,并携一面锣、一包香烛纸钱来祭拜。

按传统礼仪祭祀了天地神灵,庙中的神灵一一敬过,包括了土地公土地婆,华光大帝前的千里眼、万里耳,关帝和五灵公前的管家郑二伯二姆、宋大将军等等。

十点，鞭炮燃起。神灵护佑的新龙被紫蓝色服饰的赛手们轻轻抬起，翻身，落座在专用的手推车里，安上彩绘的龙首再插上龙旗。起程了，向着晋安河的方向。

锣声、鞭炮声中的龙舟队行走在马路上，湖东路、六一路一路上汽车鸣笛让行。笛声不是为交通堵塞而鸣，我理解为司机们在向龙舟致敬。穿过十字路口，选择在温泉支路与六一路交叉的晋安河下水。温泉支路原本是条被填埋的护城河，河边的老汤涧世世代代赛手就是在这里抬龙舟下水。船身转弯了，就横在六一路上，旗手拔下龙旗往路上一站，所有的过路汽车在旗下排队停车，观望龙舟下水的瞬间。今天龙最大，这让我看到了民俗在人们心中的份量。

大榕树下，河畔用铝合金搭起了梯架。长长的龙舟，舟首点水，慢慢地潜入水中再昂起。船身触水了，顺水之后再平身。几个赛手上船，用塑料盆舀去船舱的积水然后安放

▲ 汤涧殿主祀五灵公是福州本土诞生的民间信仰

▲ 汤涧二楼大殿

▲ 汤涧的新虾龙"游"过湖东路

▲ 新虾龙在晋安河试水

鼓架、船舱，成功了。

赛手们回庙里用午餐。下午，他们要驾新舟沿水道回访"亲家"，每到一亲家庙，都会息锣、歇桨、焚香、拜礼。祝愿今年赛事顺利平安双双取得好业绩。今年，他们还多了个话题，当年散失的五灵公服饰和玉石用品，经老一辈人执着地保管，今年重见天日。那可是至少80多年前的手工制品呀！

值得一提的是，在2002年新立的建庙碑文上刻着汤涧建筑于"文革"中被改作温泉小学，这与我亲历的20世纪50年代便是温泉小学的事实有出入。

2013年端午节后，关于汤涧龙舟试水的文章刊登于福州晚报。接到德天泉澡堂经理郑经蒙的手机短信，告知福州还有温泉保护神及庙宇，我欣然如约前往闽都大厦背后的柳前巷德天泉澡堂。经蒙引路穿堂过池，在澡堂围墙内浴池后，冷热水管道丛中有一条小花径，深处建有木构九龙尊

▶ 九龙尊王庙复建于德天泉，是福州温泉保护神

王祖庙，居中墙上以花岗岩浮雕新刻龙王九子椒图，上书"玉封九龙尊王"。侧面墙上立有九龙尊王庙记。记录福州温泉"青盲龙"的典故，明代开始在金汤境、怀安县六都等地澡堂均有立庙祭祀，以祈福安宅保民。经蒙说，十几年前德天泉旧址还出土过一块粗糙的旧石刻，刻"九龙"二字，后散失。2013年初，澡堂从业人员借德天泉修葺之机得以复建，四季祭祀感温泉造化之恩。

如此这般，我关于金汤保护神的探访之旅，至此可以划上圆满句号了。

郭璞迁城民工洗的淡定解读

"郭璞迁城民工洗"这句话的关键词在于："郭璞迁城"。郭璞是晋代山西人，著名的文学家、诗人、道学术士，他在撰写游仙诗文的同时注释《周易》《楚辞》等，以占卜术、发布预言而扬名于世，是当时风水术士的代表性人物。他一生最出名的风流韵事是年轻时在庐江太守胡孟康家中办事，见胡家一女婢十分可爱，又不好意思开口求其割爱。于是便用赤小豆点化成红衣小卒夜里梦幻般地出现在太守的家里。胡孟康怕了，求救于郭璞。郭璞一阵点算后对太守说，你家不宜蓄此婢，明早急送东南二十里外的地方卖了，而且不可还价，此妖可除。第二天一早，他让家人赶早到市场以低价买了婢女，然后再用法术解了胡太守家的红衣小卒。

这里的"迁城"是指晋代福州太守严高放弃西汉时代的冶城，将城市迁到今天屏山之南建造了子城，并由此奠定了福州古城的中轴方位与发展走向。福州明清时代的一些古书引用民间传说，严高在迁建子城时，先是选择了一个叫"白田渡"的地方，因为坐南朝北，有悖于传统建城模

▲ 明代《闽都记》中的晋子城图

式，在琢磨不定之时绘图请教风水名家郭璞，得到的指点是"指一小山埠以迁之"，于是迁到今天鼓楼以北屏山以南的小山包上，坐北朝南，背靠莲花峰，南对五虎山，南门之前远有闽江水，近有乌山、于山如双狮拱卫。为此，还记录了郭璞撰写的美文《迁城记》，将福州山水景色和远久运气作一番讴歌。加上"民工洗"三个字，在探讨温泉历史的时侯，全句可解读为：西晋时代，在郭璞指导下严高太守迁建子城，建城民工们在福州某处享用温泉洗澡。

这句话先是出在1991年鼓楼区政协文史资料编委会编辑出版的《鼓楼文史》第三辑中，由文史老前辈林传诚依据东门外日新居汤池店业主卢氏祖传口述记载的，旨在说明福州温泉在晋代就已得到开发利用。相关内容有正史记载的是2001年由福建科技出版社出版的《福州温泉志》，作为"大事记"的开篇第一条目。

细心读一下，这段记载有点小漏洞须要填补。严高建子城的时间是晋太康三年，换算成公元是282年。郭璞出生在公元276年，49岁时被荆州叛将王敦杀了。那天，他占卜王敦谋反必事败身亡，规劝其不要举事。王敦反讯他，要他算算自己的命定气数。郭璞占卜了一下说自己"命尽今日日中"，于是淡定从容地叫王敦杀了他。

这样算来严高迁建子城时，郭璞六七岁，还在山西闻喜县玩尿泥，即便神童也难以参与福州子城的规划与建造。

严高作为北方中原文化与政权的第一个代表人物南下闽地治理建造未来都市，他必然要重金聘请中原术士为城市作一番规划，绘图请高人勘察指点是完全必要的，可信度百分百。这个高人是谁？是不是郭璞？不得而知。也许是隐名高手，后来郭璞出名了，张冠李戴套在郭璞头上。

再细读郭璞身世，郭璞的父亲当过实权派小官，聪明过人的郭璞从小随一位外地漂泊到山西的术士学习易学。郭璞老师之所以热心教授，有一个理由是老师也姓郭！我想：

▲ 贵重物品请寄存

给福州子城作规划的大师是郭璞有姓无名的郭老师，郭璞成名尤其是成了"英烈"之后，皇家为他在金陵建造了衣冠塚，更是名垂史册，所以黄金赠富不赠穷，荣誉也一样。当然，《迁城记》有可能是他成年后补写的美文箴言。其中有千古名句曰："千载不杂，世代兴隆。诸邦万古，繁盛仁风。其城形状，如鸾如凤，势气盘挐，遇兵不饥，遇荒不掠，逢灾不染。其甲子满，废而复兴。"如同福州之颂歌。

来说说"民工洗"吧。建造子城的民工在哪开工？洗澡地点在哪里？

对于今天而言子城很小，北面无城门背靠冶山、屏山；南门开在虎节路口之北，当年的虎节路、贤南路是它的护城河；西门在渡鸡口；最靠近温泉的是东门康泰门，大约是今天中山路丽文坊附近，以及东南的安定门在井大路与卫前街口。看来子城离温泉区还较远。

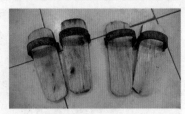

▲ 木屐是福州澡堂的标志物，这陋屐
居然有人"错"穿回家

有人说，严高筑子城在西湖取土，既有了建城的土又疏浚
了西湖。这话我信，因为西湖离子城工地近，且成片地挖
土出土量大。还有人说，严高在今天六一路附近开挖壕沟
取土筑城，那壕沟便是今天晋安河的原型，所以叫晋安
河。欠妥吧! 从晋安河取土运到中山路、卫前街建子城城
墙，是不是有点远，以线条形状挖壕沟能挖出多少泥土?
子城的南门外有三道护城河也都在近城区的虎节、安泰、
东西河，没记载东面有几道护城壕沟。而晋安河本无名，
有资料表明河是宋代蔡襄任太守时挖的。到了清代，人们
将子城康泰门已淤塞的护城河上的乐游桥桥名附会在这条
河的一座无名桥上，晚清战乱时期不好乐游桥便偶见晋安
桥的提法。民国时期的1948年，萨镇冰为了纪念晋安晚晴
诗社，在倡修这座桥时正式命名为晋安桥。20世纪50年代
初浚河时河因桥得名，才有了晋安河的称号。宋代开凿的
这条河依然是福州最早的人工河。

世代传说这句温泉名言的日新居汤池店原先就在晋安桥西
北桥头，大约是在今天的六一路上。因其源头为自涌泉，

▲ 传统澡堂的休息大厅

所以是福州温泉最早被现代环境变迁而断了汤源的汤池店。早年，我去居民区时看望过这无汤的汤池店。木构建筑内以巨石打造的浴池干涸了，被填了土，据说是先作为评话讲书场后成为街办竹器厂场地，最后拆了。福州历史上大规模建城扩城七次，历代筑城的民工肯定垒石围池洗过温泉浴，也许那里正是民工们搭棚窝居的地方。但时间、地点、人物的详情在千百年的流传中已然模糊，卢氏家族虽八代经营二百多年，也难以准确说清一千七百多年的往事。但这绝不影响它的存在价值，相反只会更多地引发人们的好奇和关注。如同日新居又叫"青甲池"一样，它的故事因消失、变迁、争议而显其魅力，世代相传。

读过一篇传奇故事，说唐末五代初闽王王审知在福州建罗城、夹城，见士卒民工久未洗浴身长疥疮，心痛之时以剑击地，顿时大地开裂涌出汤泉，众人欢腾雀跃垒石围池，洗之。这明显地受到古人编撰的王审知"拜剑封帅"故事的影响，进一步神话了王审知与剑的故事，作为传奇故事无可厚非。其实，福州城在王审知抵达之前的唐代早有温泉地名的记载，但它不在今天的树兜、温泉路一带，而是在今天仓山城门乡的胪雷、石步附近，就叫温泉乡，只是到了宋代温泉沽竭才改了地名。今天，要是在那里打深井，我看必出地热泉。

福州城是王审知与其堂兄王彦复围城约十四个月才攻下的。士卒伤亡惨重，王审知原本要打退堂鼓的，是其兄王潮在泉州遥控全局攻坚而下。占据闽都福州，这支河南光州南迁的军队才能割据闽地成就一番霸业。

王审知攻打的福州城是晋代严高筑的子城，经郑镒修拓、陈岩复修的土筑子城。小小土城如此难攻，王审知要一统

闽地必扩建更坚固的砖城，于是建罗城扩夹城。城东北井
楼门建在井直街以北，城东海晏门开在今天东大路五四路
口快到温泉路了。

河南也是有众多温泉的，许昌、鲁山、安阳有不少名泉，
王审知故里固始县南的西九华山区也有温泉。虽然我在正
史上还没读到王审知与温泉的直接记载，但他在建城史上
的地位注定让他与福州温泉维系在一起。

都说"古三座"是属于王审知时代的。在今天五四路世界
金龙大厦旧址汤边村原有一座古三座澡堂，几乎所有的文
字都记载它是唐末五代初王审知建城时代筑城民工在田野
荒地中发现的。先是口口相传后有文字描述流传至今。
"古"字好解释，为什么称"三座"，却有了不同的版
本。

有一种说法较简单，高温的温泉水涌出地面，先得有个蓄
水池叫"头汤"。将温泉水晾到接近人体洗浴的温度，然

后流进第二口池子"二汤"，一个温度基本上接近人体浸泡的水池。再自然降温最后再流入第三口"三汤"，最适合常人长时间洗浴的池子。如此三口池子便能完全适应各种温度差异人群的选择。那时代没有自来水方便掺兑，人们也更希望洗浴自然降温的"原汤温泉"。这样冷热不同的三口池集中在一地，有人认为这就叫"三座"。如果是这样，福州几乎所有的传统汤池店都是这样三口池，岂不都可以称"三座"了？

另有一种说法，相对内行些，对福州温泉有较多的传承。筑城民工发现了地下涌出的温泉，以筑城的专业手艺在原址信手垒出几个不太规则的池子，作为自家洗涤之用无需过分讲究吧。后来呢？修修补补扩展成三口供人洗浴的汤池。再后来，民工们走了，这池子留了下来。那时，人们对天赐的热泉没有太多的私有观念。周边的农户来了，这里成了天然的享福地。做好事般地有人在这里搭起茅棚。用竹片夹起茅草便成了篷，几片篷围成圈便是挡风避眼的"墙"。白天男人洗，晚上女人洗是通常守则。没有收

▲ 路牌

费，因为汤与池一个是天生的，一个是无主人或前人开发的。后来有人搭了个凉亭摆上一壶茶水几个碗，茶水虽是私有，但旧时这种茶摊大多是属于"公益性"或"随喜功德"型的。再后来，凉亭茶摊有了供老人、体弱者、尊者休息的坐凳、躺椅。再后来扩建成了茶座，正式开始收费吧，无可争议了。

这种半公益性的茶座不只一家，可以有好几家，帮人看衣服，提供躺椅、茶水、点心和其他的服务。清代，留下传说有"堂号"的是三家："石泉楼"（石间构筑的温泉，非土泥潭可比高低的）、"玉清池"（玉洁冰清可说泉水亦可喻人）、"即龙泉"（这就是龙脉的泉水呀），抱团坐落在田野中池塘边大树旁。有趣的是这三家共用一套三口汤池，三个门进出一个池洗澡，洗汤依然是免费的，只收茶点和服务费。无论本乡本土还是路过好奇的，只要不占店家座椅，自备洗浴工具还免洗浴费。那堂号看来是来此洗浴的文人雅士穷秀才好表现即兴而作，不仅如此，爱好楹联的文人也没闲着，于是有了信手拈来的联句："地产磺汤""茅屋三椽"，横批"天然温泉"。不仅如此，文人中常来洗浴的"铺家"即福州话所说的关系户常客，也会在这里开"笔会"，赋诗作画题联，发思古之幽情，文化由此介入温泉。

人们便将这三座有招牌有堂号围绕着三口汤池的茶座统称为"三座"再加一个"古"字，前人说古那一定是很古很古的事了。翻阅老前辈萨伯森的书《识适室剩墨》，称它为"旧三座"、"旧山座"，在福州方言中完全同音不同字，我认为可能更接近本意。萨前辈经历的这三座澡堂必然是很古又很旧。它的历史口口相传加文字记载，与福州建城史紧密相连。萨老原本写过《福州温泉考》一卷，对福州温泉有缜密的思考和记录，可惜毁于"浩劫之火"。

如今，在世界金龙大厦、新天地大厦、信和广场一排高楼的挤压包围下，在桑拿、歌舞厅的巨幅霓虹灯丛中，小街巷里有两个不亮的黄底红字小招牌，那是落户东汤住宅区十号楼一二层里用居民房改造的小澡堂叫"古三座"，与

◀ 垒石围池

东汤正境的神灵并排。它由汤边村村委自主经营，新近立的碑文刻着往事，语气中不乏对当年拆迁被征用时缺少深谋远虑的遗憾和对未来的期盼。不远处最现代最时尚的五四路街边的公交站台上也写着站名"古三座"。我想：如果能在站前街边为古浴室立一座铜雕，用简明的碑文注释一下"古三座"，然后依托温泉公园建一座能兼顾上中下档次有规模的"古三座"，多好。

翻开福州古城的复原地图，从汉冶城到晋子城再到唐末五代的罗城、夹城，其基本形状都是南北呼应，东西对称的。而且还严格地按照封建礼制规定和风水学的概念来规划建造，比如坐北朝南，比如城池尺寸，比如东南西北开城门等等。唯有宋外城的造型有些特别，它在五代夹城的基础上向南追随闽江沙洲沉积扩建到洗马河，同时，其西门向西扩展到怡山形成一个不大的乳房形突出部。最特别的是它的东部，以今天的东大路为轴心，其东门从今天的五四路口扩充到了东水路口，北从今天温泉路，南到水部形成一个巨大的"突起"。城市形态变得如同一只行走的企鹅剪影，城东部"肿"起了一个大肚子的包。这是为什么？似乎从来没人关注也没人探讨过。

我认为：虽然有众多的原因可以解释，比如讲，中国文化对太阳升起的东方有崇拜之心，五代闽王府建在庆城寺附近造成城东部的繁华和军队防卫力量的加强等等；但是，归根结底最重要的是五代闽国时期温泉的开发和使用使城东人口急剧增加，使之成为城市最新开发的最具活力的城

▲ 宋城肿了肚子象企鹅　▲ 用宋城石砌成的纪念碑立于福州大饭店

区。你看，大约从庆城寺向东经永安街再沿温泉支路向东快到六一路时折向南面，过东大路晋安桥西侧向南在河西侧划个漂亮的弧形与于山东麓的水部门对接，形同巨大的耳朵，围进外城东部的大肚子刚好包括了汤门与水部的温泉带，其目的性异常明确。

王审知建罗城、夹城时，民工们不仅发现了树兜汤边的古三座，而且还发现了后来被称为温泉坊周边的众多温泉。传说有筑城石匠在城外旷野中发现了温泉眼，十名工匠凿了十个石槽用以洗浴，后来有个澡堂就叫"十碏"，20世纪60年代还十分破旧地坐落在福龙泉边上，直到福龙泉失火才一起拆了建"新榕"澡堂。其遗存的石槽二十多年前还有人见过。当年与石匠同时洗浴的还有木匠，两个不同工种的人因洗澡吵了起来。有志气的木匠另辟汤源并用原石建造了近似于八角形的井台，据说在井下埋入八角形的巨石和存有奠基钱币的八个瓦罐，还搭建了木亭子，看来争气有效果显现一时风光。这便是后来以治皮肤病闻名于世的八角井澡堂，其木柱板壁上贴满了膏药纸为一大特色。它坐落在三山座澡堂的边上，门前有一条小河在流淌，那奠基钱币瓦罐数十年前还出土过一回。经与当地八旬老人核实正是金汤境温泉小学边门前的那口井。这是流传至今的唐末五代澡堂故事，丢失在历史记忆中的传说还有多少？

百姓洗浴的"民间汤池"在唐末五代半个世纪又几年中逐步形成。依靠点燃柴火用大鼎烧水洗浴的时代，地热温泉的开发和利用给人太多的便捷，天生地涌的热水哗哗地流着不用白不用，人们因温泉而聚居，温泉社区空前繁华地进入宋代。

从分裂与动乱中走出来的大宋初年，中央政权以和平的方式"纳土归宋"，从吴越钱氏政权手中接管了闽都也接收到福州温泉。新建的城池将金汤当作宝贝划入城中，不惜改变城市的外形，笨拙得如同一只可笑的企鹅。虽然，几年之后，出于对闽人的防范心理，宋外城的城墙自毁于建城者之手，仅留下城门楼，但是在人们的意识中城里城外

▲ 源脉温泉园 （徐希景 摄）

的地界概念已经改变，温泉坊地区已是"城里"。

早在公元923年前的五代后梁龙德年间，官府已在福州温泉地带开凿了汤池，史称龙德外汤院，它很可能为官府所专有，并归寺院管辖（这是个很值得探讨的社会与宗教现象）。天德二年（944）越南占城国宰相洗澡治疥疮并立碑的故事就发生在这里。北宋庆历年间有文字记载它依然是官员指定的沐浴场所。

宋外城建城八十多年之后，有江西文人元绛到福州任太守。他查阅城市地图时看到了"温泉坊"的地名，地图上标有寺院称内汤。于是亲临视察，饶有兴趣地"浚其源，砻石为井，揭宇环之"。在汤井周边以官府之名义投资建

造了供人洗浴的房子。又过大约半世纪，有文字记载侍郎陆藻重修并扩建亭台楼榭，如同别墅一般。明确记录每十天开放一次为洗浴的日子，"非衣冠不许遊也"，就是说在这里只许官人洗浴不准百姓用汤。古称温泉坊、汤井巷的地方大约就在今天的温泉路，从八方大厦经秘书巷到永安街口，因在宋外城之内史书称其为内汤院。那年代官府投资当然只有为官人服务，是福州宋代"官汤"，据说还是和尚在管理。看来肌肤的洗涤与心灵的纯净以及宗教的礼仪联系在了一起。

那么百姓便只能在汤门外的金汤境附近洗浴了。今天的温泉支路本是汤门外的护城河（大约是在20世纪60、70年代才填河造路），永安街口之北以河为界是汤门外。金汤

◀ 都市大楼中的醒春居号称百年澡堂，今在重新装修

境、汤郊场、二塘，远到今天五四路东侧的东汤、西汤、汤边……大大小小的民间浴室澡堂遍地，不收费的，随意给几片钱仔的、年终给管汤人送礼而免洗浴费的同时并存……福州"民汤"说不清从何时肇始，没有明确的口头传说与文字记载，它是在民间长期缓慢地形成并发展着，早已存在民间。当然，官汤的出现，尤其是官府对民间洗浴的"傲视"必然加速并促进了民间汤池的成熟与发展，使之规模更大，形成更接近经营为目的的市场化走向，无形中"官汤"的产生成为"民汤"发展的一种助动力。同样，民间民俗中的沐浴文化也必然潜移默化地影响着官汤文化，使之更具福州地方特色。

在封建社会里，天赐的无价金汤从宋代开始有了经济与阶级的属性。坐轿子的人与抬轿子的人，富裕者与贫寒者不可能同汤洗浴了。

闽侯白沙是闽江中下游以沙洲为美之最的地段，碧水、白沙、绿树在蓝天白云下异常的开阔秀美。此时，闽江水、铁路、公路并行着，穿过连绵的橄榄树林，偶尔也闪现过村庄一二。如果公路旁一座现代农舍有一间温泉浴室开窗对着江景，你可会停车驻足？这地方就叫汤院，这里温泉名扬天下千年。

汤院之名始于唐代。这里曾是闽江码头与陆地古驿道的交会处。从江岸码头拾级而上，临江的山坡地上便有天然自涌温泉眼从岩缝中渗出。人们用山间杂石围成小水潭，再引泉入室便成了浴室。此地老人听更老的老人讲，前人用石条围成两个水池一冷一热，再用竹条夹住茅草围成圈便成了天然浴室。上午男人汤，下午女人汤。大约在六十年前盖起了砖墙瓦房形同乡镇企业的厂房，扩成二男池一女池共三口，使用至今算是福州现存最古老的浴房之一。至我到访的这一天还免费向方圆十几里地的村民免费开放着。标号极高的水泥凳绕池一周是更衣时的座椅并放置衣物，入水槽里汤水不停地流逝着，散发着都市管道深井温

▲ "泡泡美人汤 尝尝农家 ▲ "温泉欢迎您！"
饭"温泉景区农家饭庄的
路边广告牌

泉久违的硫磺味。

浴室之西侧，木质建构的老人会二楼号称汤院境，存神像若干尊，主神是伽蓝及各路将军元帅，看来可是佛、道诸神共同的寄居庙宇。这是唐代汤泉寺院伽蓝殿的遗址。那年代寺院很大住着名僧并有诗文存世，也因寺名汤院才生出汤院的地名。依山而筑的寺院将后殿建到今天的公路之上方。寺院后山的花园里如今遍植橄榄树，传说树丛中有7段题刻。我们找到3段，从分化了的隶书题刻上读到"送过温泉僧"五字，这便是宋代程师孟的《汤院温泉留题记》。最一目了然的题刻来自宋代熙宁年间泉州晋江人吕惠卿的《汤院温泉题名刻》，这题刻石质分化还被热心人描了红。当年的吕惠卿是王安石变法改革派的重要人物，与其弟同行过汤院，应当家和尚之邀写下这段文字。还有一处在石壁上，开句便是"世人尘垢清……"这是明代住持沙门的《题汤院》。可惜，李纲的那段题刻毁于二十多年前的建房热潮中，其碎石段现还垫于某农舍的地基下。这些寺院内有关温泉的题刻是宋代寺院管理温泉资源的实

▲ "农家汤" 的新形象

证。

隔江远眺汤院村，这村庄依托的山体形同观音菩萨，古村庄坐落在神怀中。村左右曾有两条对称小溪从山林间出，流经温泉涌出口，流过石拱桥后在沙洲上绕两株巨榕形成类似太极图案，最后落入闽江。因山水奇秀温泉出，加上陆路水道两便捷，千年前便是繁华地。可惜明代时寺庙被歹徒掌控，得罪了过路的京都大臣，给寺庙连带村落引来了大祸，至今还能在山地挖出焦土。

当全国游人热"农家乐"的时候，这里可是"农家汤"的天下。农家美食佳肴、青青橄榄园、古寺古驿道遗址，还加上临江而筑的现代农舍浴室，沐浴可面对青山绿水……够诱惑的。还有一个独到的"淘宝"项目：山地农田里处处可挖到亿万年前形成的假山石，初看与"瘦、漏、透的太湖石无大异"，能否收获就看你手气啰。从经营澡堂的乡民给我观赏的出土实物中，我认定它们就是已毁灭之古园林中假山石的零星遗存。

▲ 白沙汤院的免费浴室可能是福州现存最古旧的澡堂

▶ "农家汤"的老姿色

翻阅古书对照亲历探访才发现前人也有错的地方。郭柏苍的《竹间十日话》卷四，引用《闽书》《八闽通志》详细记录了"福州府温泉共十九处"其中侯官县有五处。误将二十四都小箬双髻山下的汤里温泉与二十三都白沙的汤院温泉的地理位置、风物特色、名称混作一谈了。

都说连江县的贵安村得名于"贵人安康"，因朱熹在这里避乱讲学而得名。是先有朱熹到此一讲而得名，还是先有了地名再编一个名人故事套上去，我也说不清。朱熹是到过福州，可是否到处开坛授课至今还是个未解之谜。

贵安村边有个地名叫汤岭，因温泉而得名，这名副其实。从福州北岭降虎寨由一条丈把宽的古驿道经贵安通向温州、杭州，民间古称"官路"、"通京道"。从汤岭山头下坡抵达平地，天台境小庙前的巨榕下，曾有古驿站伴着繁华街市。酒市歌楼下应有尽有的街市比别处多了一样东东叫"温泉"，千年前驿站开业时便叫"温泉驿"。在朱

▲ 贵安汤岭的村民免费浴室（外来人洗浴收费3元）

熹1130年出生前的七十多年，连江知县也姓朱，叫朱定。他在温岭街外的沃野中辟出两口温泉井建了露天汤池，让乡民与路人免费洗浴，从一开始便是彻底"平民化"，而且比福州太守元绛建官汤内汤院还早了5年。

这宋井几经修葺，温岭人至今还在围石使用。进村的小公路旁一座灰砖的两层小楼，楼下居中两侧开两扇门，门前灰色的障眼墙以及墙上透气的花格孔让人联想到上世纪60年代建造的公共厕所。进门，门内即是汤池，环屋建了水泥的座椅供人更衣摆放衣物用品。障眼墙上用红漆写着"贵安村温泉澡堂"以及"男、女"和指示入门方向的箭号。在不大显眼的地方有两行小字"公共池外来人口收费叁元"，看得出那"叁"字刚从"贰"字改过来。如此说来本村人必定免费啰。澡堂没人看门，顺着"收费处"字样的箭号观其右侧有一家小卖部内放了三五张竹躺椅供人休息，有收费。与它紧接着的是"贵安天然温泉"黄色涂料的墙，墙门上方红色大字"木桶泡澡"。这是使用宋井温泉的两家澡堂，近年凿井开业的木桶浴还有十几家，中等规模的同时可供四五十人桶浴，其中较大的三家还设有50米游泳池。

宋元明清，汤岭古街因驿道因温泉繁华了数百年。多少"新龙门客栈"、多少"智取生辰纲"的汤岭版故事在这里演绎。后来这繁华出了点"奢侈病"。由于贵安地处省城交通要道，又有温泉可洗浴，从省城进出的官员都要在这里投宿用餐，从明代开始，这居高不下的"接待费"都是来自贵安百姓的"民脂民膏"，清康熙盛世更是奢靡到了贵安百姓不堪重负的地步。1863年（康熙二十二年）连江知县无锡人王仁灏看到了这场"潜规则"的弊端，伤害百姓利益已到了非禁不可的时候了，于是明文禁止，洗澡可以不要钱，要吃饭自己掏腰包吧。贵安百姓拍手称快要为他树碑立传，将这件事勒石记载。有趣的是，碑文成却无款购石以刻，于是人们在荒野中找来一块元代防洪镇妖刻着符箓碑文的普庵印肃碑，在其背面刻上王知县的功德。这碑石近年出土，被今人命名为"廉政碑"。

▲ 梧桐汤埕溪岸天然石窟澡塘如今成了女人洗衣池

驿道驿站在公路交通出现之后渐为世人淡忘。汤岭古街安静下来了，空余街店木楼上孤寂的美人靠，听得见石板路下哗哗的流水声。跨街牌坊倒了，路旁碑石歪了，1969年动乱之中它们成了人民公社生产队青石仓库的基石……

隔世之往事悠悠，在温泉水雾中氤氲，成了泡汤人都想听到的传说。古人、今人泡着同一处温泉，却很难有共同的感受。今人可以猜想、戏说听到的前人古事，古人却无法知道他们的故事已成为后人泡澡时的谈资，更难以知晓今日古道又热闹起来了，农家处处"卖金汤"。

大樟溪是闽江下游最大的支流，温泉遍布永泰大樟溪流域几乎所有的乡镇，井口多在溪水边，古书上便有自涌温泉注入天然石窟成浴池的记载。在有温泉的地方常见远古火山喷发时岩浆滚动形成的"青石蛋"，它验证了温泉与火山的渊源关系。

离永泰城关不到两公里的温泉村，青砖的"永泰农民温泉

▲ 汤岭农家汤的50米温泉游泳池　▲ 汤岭的大堂桶浴景观

澡堂"形同上世纪60年代的办公楼，山墙上红色标语"我们的目标：亩产千二斤、创收十万元"，烙下历史的印记，从门里散发出的硫磺味提示"此乃浴室也"。探其泉眼就在屋后小溪边，备了一个大阀门让附近居民使用，只见有人开着电动车用大塑罐取汤运回家，而井口更是一地鸡毛，留下现场宰杀脱毛的证据。这里的自然村名大汤、小汤、汤洋，传说晋代便被"垒石围池"地开发利用，宋代便在汤泉附近建了客栈，与其配套的必然有温泉浴池。

梧桐镇的汤埕村更有意思，过村口大桥时便可见桥下溪岸林立的温泉井架和溪岸岩石间一个个天然的石窟汤池，有一口井居然打在溪流的正中央。三十年前当汽车从桥上经过时，乘客们在车内可观赏到天地溪流间男人们在石窟汤池中裸浴的场景。十年前，村里利用温泉养鳗之余，在溪岸用红砖围建了露天的免费汤池至今尚有人使用。紧挨着的是一座用旧铁板作顶棚的个人池，进门处至今可见用毛笔在墙上写着"个人池十元"和"谢谢光临"的字样，从桥岸上俯视整个建筑极像一排废弃猪栏。

▲ 梧桐汤埕溪岸废弃的个人池象旧猪栏，左侧可见井架和蓄水池，离溪边石窟澡塘不远

汤埕村是有名的长寿村，古时曾有过外号"菜篮公"的陈俊从唐代活到了元代，历时444年。传说陈俊行医来到山青水秀温泉遍布的汤埕村便住了下来。他没有娶妻生子到了晚年无人供养。村人见陈俊高寿，便把他当成世间宝贝甚至神明附体来供养。陈俊年纪越大，身体却逐渐萎缩最后只剩下不到十斤体重，似乎是返老还童了。乡邻就用麻竹编制了特大的菜篮子装着陈俊，轮流抬着进出家门甚至山间田头，一边劳动，一边聊天，知更多古今天下事。"菜篮公"名称由此而来。

元朝的某一天，长寿老人蹲坐在村口露天的温泉旁，看着

冒热气的温泉池边，有一高一矮的两个年轻人在洗黑木炭，老人就奇怪地问：为何洗木炭呢？年轻人回答说：我们家老爷急需白炭，要我们把这黑炭洗成白炭。老人叹道：我活了444岁，从来没听说过黑炭能够洗成白炭啊！两青年惊讶地收起木炭即走。原来他们是阎罗王派出的小鬼，要查找世间漏网未被钩魂的人。不久陈俊去世了，乡邻们将他的遗骨塑成像，安放在汤泉庙里供奉着，被誉为永泰的"小彭祖"。他的生平，被刻在一块木牌上，从元朝保留到清代，于乾隆年间收录永泰地方志中。

陈俊长寿是确实的，我猜想444岁可能是因他能口述唐末至元代历史往事而被乡人夸张地误解了，这就有待考证吧。

人们普遍认为他的长寿与当地天然温泉有关。

如今的汤垾村口，天然石窟池已成了妇女们洗涤的地方，桥头沿溪建起一排新楼，已开张的挂起大澡堂的牌匾，个人池25元、大池10元，老板陈氏养鳗场起家，当然不会是陈俊的后裔啦。

宦溪镇的桂湖有农家汤也离城市较近，环城高速和隧道的开通让泡农家汤成为便捷之事。桂湖的原始泉眼在垄头村的溪岸，芭蕉树荫下一米多高的石围墙圈起两间露天的男女浴池，将衣裤脱下垒于墙头便是"有人"、"无人"的信号。最不合理的是男女池的汤水是"串联"而不是"并联"的，就是说男人在泉的上游洗，女人在泉的下游洗，常常是男池水温太高，女池洗涤衣被时又嫌水温不够，所以男女常"越位"因而矛盾频发。如今废弃的旧浴池还在，只是湮没于芦苇杂草之中，让人无法靠近。

这天然浴始于何年代，未细考。有资料表明近泉处的摩崖上散见题刻数段，几乎都与温泉有关。比如有只庵泉

▲ 汤岭天台境小庙前的巨榕下，曾是古驿站的繁华街市

的"岩上烟云飞，岩下温泉出。难分温与寒，旷观二而一。"，放生睿的"泉燠洁其身，流清无污耳。临之更爽然，奔流几万里。"，东旻章的"濯足临悬崖，众声响容岩。人情炎与凉，源深不寒燠。"，还有诲庵训的"磊落一云窝，潺潺奔不止。泉且洁而温，滔滔皆如是。"等诗句，但都不够规范未落年款。这几首带哲理的短诗在福州温泉诗中还特出名，尤其是诲庵训的"磊落一云窝"，因作者名中带"诲"字，常被附会成"晦翁"朱熹诗作，用书法形式补壁于温泉浴场。由诗可见当年此地不仅有温泉浴池而且还与寺庙关系紧密。离溪岸不远处便是始建于明末的温汤境供奉无敌尊王，民间称"大王庙"。因土地革命时期在庙里成立过苏维埃，使之成为红色文物，于上世纪八九十年代得以官方许可、民间修葺。看来这温泉年代久远。

十多年前，垄头村最靠近泉眼的农户便开始在自家的宅院里用水泥砌池开办农家汤，挂牌经营称"垄头澡堂"，随后仿效者众。有的农家澡堂结构简陋让浴室内外怎么看都

▲ 很阳光的农家"木桶泡澡"屋

像个猪栏，好一点的贴了瓷砖，有单人、双人、三人也有多人间。每人收费从五元涨起，今已十元多。流行木桶浴之后价格翻番，洗浴环境条件也有所改善。大的投资始于近年，宾馆式、游乐场式、健身馆式……均走上轨道，但福州人固有的"哈哈蛮去"（福州方言：从简办事、能用就行）性格使然的农耕粗犷管理模式也在这里留下了遗憾。

其实，洗农家汤的意外收获是吃农家饭。每个汤点周边的农家美味佳肴往往是洗过农家汤人软体透脚又饥肠辘辘时的最爱。土鸡土鸭、无污染施农家肥的青菜自不必说了，除此之外推荐：宦溪的牛蹄、槽羊，永泰太原刚出灶的葱肉饼，白沙的炸芋粿，贵安的农家拉面、鲥鱼。

明朝，温泉那些事儿

在明代温泉坊即今天的温泉路上，宋代郡守元绛倡建的专门为官员建造的官汤内汤院改称内汤井。汤门外的小河边，也就是今天的温泉支路往金泉路方向，宋代官汤外汤院也相应改称外汤井。虽然它们都几经修葺，但是毕竟有了五百多年的历史，其破损之惨象猜想可知。明武宗的正德年间，一位叫崔安的太监出面出资大动土木地修建了外汤井。

为什么会是太监去修建？崔安不躲在宫殿里伺候皇上，跑到东南一隅福州来干什么？修桥造路都可以，偏偏要建澡堂干嘛？

看过明史或者读过当年明月著作的人都知道，太监对于明朝意味着什么。开国皇帝朱元璋防着太监，禁止宦官干政；成祖朱棣用着太监，并办学习班培训太监成才，以帮助皇上处理事务；英宗朱祁镇捧着太监王振，言听计从，口称太监为"先生"，最后被王振诱上战场成了俘虏；武宗朱厚照皇上，几乎沦为太监刘瑾手中的木偶；更知名的便是熹宗时代的魏忠贤了……明朝是一个可以让太监戏弄皇权的朝代，太监组成的阉党与皇上、文官三足鼎立治理着中国。

有一个莫里哀剧本式的故事便发生在福州。成化年间，京城崇王府仆人杨福因长相酷似实权派"钦差总督西厂官校办事太监"汪直，一路以假汪直的身份从南京出发招摇苏浙闽行骗，各路被骗之人纷纷自投"骗网"，假太监享尽荣华之时又得钱财无数。骗到福州时，一不小心被福建的镇守太监卢胜识破而命归黄泉。为何杨福独独栽在福州呢？由此联想戏说，建议编剧大人尽可能将重戏安排到温泉浴室里去上演，赤身裸体正好伺机识别真假阉人咯。原来，明代太监不仅有锦衣卫这样的皇家安全情报机构，也有外交商贸人才，而且还有向地方特派的钦差——镇守太监。

其实，"一分为二"看太监也不全是坏蛋。在福州，三宝太监郑和下西洋在太平港候风启航，成就航海家事业。督

▲ 宋代熙宁年间泉州晋江人吕惠卿的《汤院温泉题名刻》

舶太监尚春在于山建吸翠亭、胜观亭，还邀请各地官员同登平远台并撰联题诗多处勒石纪念。有的太监铺路、搭桥、造船，也有太监附庸文雅致力于摩崖题刻……其实以钦差身份镇守福州的太监有一项非常重要的任务是监管朝贡与外贸机构市舶司。

明成化年间，市舶司从泉州迁福州。从此琉球朝贡船便改以福州为目的地，带动了福州港的繁荣。镇守太监在这座港口城市所做的都尽可能与此有关。如此看来太监修官汤的目的有三，其一是太监及其狐朋狗友们要享受。其二是大小官员要公款消费。其三可用于外事与商贸的接待。中世纪意大利人雅各所描述极致繁华奢靡的《光明之城》景象，在泉州刺桐出现也可能会在福州上演。

历史教科书说，明代是中国资本主义经济萌芽的时代。农耕文明为主的福州汤池严格上讲是不能称之为店的，因为似乎无买卖关系没有收费。店主以公益与慈善为目的，用天生地冒之金汤供人洗浴，全免费或者以供奉神的名义

"随喜功德"是一种方式,以粮食、果蔬、水产、手工制品等物质替代金币银两也是一种方式,以劳力参与交换又是一种方式,这些都在当代的边远农村还能找到遗存。其实它们之间已经形成了有形无形的买卖关系。

"官汤不许民享"的事实在宋代的出现,给了社会一种启示,当天然资源被开发之后天生地冒的金汤也有了市场价值,平民要分享就必需以金钱、物质、人情关系来换取。非正式的收费方式早已有之并成为心照不宣的民风民俗,堂而皇之的民间收费方式应该说是与官汤同时代进行的。历五百余年之后,官府对于官汤不得对市民开放的禁令也有了些许"疲惫",以经济方式供百姓洗浴的汤池渐渐多了。说实在的,坐轿上的人去洗官场香汤了,抬轿子的也得去找个地方洗洗臭汗,而且轿上坐一人,轿下用力抬的少则二至四人多则八人,理应民汤数量更多场子更大才是呀。

到了明代后期,日本没落武士、浪人与中国海盗结成同盟

▲ 小巧的降虎寨，古时将士们列队出发去泡澡，
如有花木兰怎么办

史称倭寇，骚扰中国沿海长达一个多世纪。由于明代阉党
与文官的压制使得军队极度无能，只好启用戚继光等名将
招募军士，施以特种训练后南下东征参战，有战功。有民
间文人搜集编撰故事说，驻扎在福州与连江交界的降虎寨
上有一队戚家军将士得了皮肤病，便列队步行十余里到贵
安泡温泉，病愈之后感动之时，将帅戚继光亲往贵安焚香
祀汤神。

降虎寨因古时有寺僧为中箭的老虎去簇疗伤，虎愈后常来
寺报恩，随僧行四方而不伤无辜，从而得名，故事很环保
且十分和谐。后因山前山后地势险要，于宋代嘉祐三年筑
寨置戍，明代嘉靖年间戚家军破寨歼灭了占山为王的倭

寇。可见，千年来此寨有扎官兵也驻土匪，来往将帅士卒或是匪兵大小喽啰不计其数，高山气候自然不分兵匪地让好人坏蛋都得皮肤病，而泡澡时也并非只有官兵好人能治愈，土匪洗了澡一样活蹦乱跳。只是在"阶级斗争"年代民间文人技穷之时只好简单思维，拿对民族、国家有贡献的戚家军来说事，这叫"时代局限"。更何况一个小山寨容得下千军总司令戚大将军吗？驻军的洗澡小事何需戚大将军亲自前往焚香叩首呢？谁知道还有多少无名的将校士卒在这里驻扎、泡澡呀！

这明代，福州温泉也就只有这些事儿了吗？太多的故事遗失在历史的记忆中了。

康乾盛世的温柔乡

清代康熙、乾隆年间，边关上"胡骑鸣啾啾"的时代早已翻页，中华民族种群间的战争暂时划上了句号。侯朝宗的《桃花扇》落下了帷幕；李自成只留下了出家圆寂后的传说故事；三藩之乱的耿精忠也被切成了碎片……福州的男人们领取了太平蛋和银两之后乖乖地剃去了前额头发，蓄起了中华服饰史上最丑的"猪尾巴"，并因此被西洋人东洋人嘲弄了大约两个半世纪。也埋下了一个辛亥年的伏笔，走向共和时以剪断"猪尾巴"为标志的"革命"行为语言。

当暂时没人再说"反清复明"的时候，康熙帝在吸收汉文化的同时完成了中华满汉文化心理的大融合，强权的满文化几乎成了空壳，满足了大部分人的汉文化心理需求，中国社会因此迎来了又一个太平盛世。

完全地忘却了黄道周、曹学佺的慷慨激昂，刀枪被入库后的福州男人能做的事便是泡温泉了。从温泉的温柔乡中出来的男人有几个还能嘴硬说"驱逐鞑靼、反清复明"。天

▲ 仅存地名的八角井纪念地

地会被灭了，南少林被烧了，作为军事训练场的汤门外教场也已荒芜了多年。

故事来了，汤门外教场被人"承包"并成了菜园子，种菜的是从长乐流落福州的"农民工"陈氏。他家几代人在这里从看教场到种菜，再在菜洼地里发现可恶的温泉，因地冒热水烫死了他的青菜。聪明人就是不可救药，从挖个热坑自己洗，到送人热水做人情，到最后开个汤池店卖钱，走过了一段创业史。

说来好玩，陈家是向官府递交了申请租用原军事用地报告的，经福建布政司上报京都兵部尚书，最后上奏到康熙皇帝。估计那天康熙帝身边有格格磨丹墨，一时高兴，朱笔一挥：准奏，批了下来。一个澡堂一块地居然动用皇上御笔，真稀奇。其间陈氏花费多少银两打通地方关节？史料上没说。

那年头，这八仙过海开澡堂的事情如雨后春笋，只不过陈

▲ 1878年申报印行的《闽杂记》卷首及汤堂记录
　福建省图书馆藏品

家运气好，有机会被记录下来而已。他的店在文化人的参谋下，后来取名"福龙泉"，就在今天金汤境与金泉路交叉的馨泉公寓上。

别小看"福龙泉"三个字，其间的学问被文人注释演绎，大有福州温泉"形象代言人"的意味。最佳解读当属经学大师、楹联专家陈寿祺的，他曾为福龙泉挥毫撰联："非福人不能来福地，有龙脉才会有龙泉"，不仅破解了"福龙泉"，而且成了福州金汤的总评语。

在同一个时代的福州汤池店中，福龙泉无论硬件设施还是软件服务都是上乘的，因此被定格在上流社会中。我见过那板式老澡堂子门前空地的确不小，估计专为停轿而设。自然而然，名人的书画作品不可或缺地成为澡堂潮润空气中的装饰品，人们还津津乐道于国府主席林森1935年光临就浴后专程从南京寄来的题词"龙泉第一"以及落款中"吾闽温泉之佳，以福龙泉称最，浴之有益健康……"的评价。

▲ 老福龙泉旧址，今天有鑫泉养生馆

一阵风地刮起开汤池店，每有新店开业，便有"孔乙己"、"郑堂"的师兄弟们为新店出"招"。清代开业的汤池店除了号称前朝古迹的"日新居"、"古三座"、"十礓"、"八角井"之外，到清末堂而皇之有店号记载的还有：福龙泉、第一楼、闽山座、永安泉、三山座、登春台、福华清、醒春居、太清泉、清于沂、南华清、松有泉、暖香居、仙沂泉、一清居、六一泉、万安泉、小沧浪、善其泉、新新新、又一新、龙华泉等数十家，其店号引经据典作足传统文化的文字游戏，有点"赛招牌"的意味。对那些无名小店就只能说对不起了，前辈人没记载。

清代最热心金汤温泉的文人当属乾隆、嘉庆年间的浙江秀才施鸿保。他客居福州在官府当幕僚，业余以笔记体散文记录闽地人间烟火。在《闽杂记·汤堂》一文中，他记录下当年亲身体验的井楼门外极具华丽时尚的六一泉。这是一座专供达官贵人洗浴的汤池店，在他的笔下，这临河而筑的温柔之乡其硬件是："重轩覆榭，华丽相

尚"；其服务软件是："客至，任自择室，巾拂新洁，水之深浅唯命。"洗浴之后有"茗碗啜香，菇筒漱润"。饿了怎么办？汤堂"兼设酒馆，珍错咸具，小食大烹，咄嗟而办"。那时音乐歌舞是不"带电"的，要娱乐就得"原生态"，于是"雏伶妙妓，挟筝琶，携管笛，往来伺应其间，清歌艳曲，裂石穿云"，曲终舞毕得给小费，"赠以缠头而散"。福州温泉如此世俗生活的画面被他描绘得这般声色俱全，已经从原始的满足沐浴需求过渡到了兼具美食与娱乐的时代。而这六一泉就位于今天五四路外贸中心酒店地基下，那里的老地名叫河尾。

到了晚清，船政学堂培养的外交官陈季同在欧洲工作之余，用法文写作向欧洲人介绍中国。他在《中国人的快乐》一书中，用法文描述了福州城东北门外带硫化矿泉的温泉澡堂，说它是专门为治疗皮肤病准备的，而为了寻求清凉与娱乐的就必须到单独的浴室，那里按性别来分开设立。

他说，浴场总是建在高大的树木中间，靠近下水河道，入门有宽阔的回廊将人们引向一层或两层的方型、圆型建筑物。雕花的窗木框上装着玻璃或透明纸、绢纱。正面靠窗是小桌子而后半部便是洗浴间。

客人来了，一落座马上有人送来茶水和烟袋，还有西瓜子，可以看到水夫们提着冒热气的水桶从温泉中汲水。浴室里放着圆木桶，中间横一块木板供沐浴者不泡水时坐在上面，用大海棉汲水洗全身。

洗浴之后，人们通常会在大榕树下乘凉，或在室内猜拳行酒令，玩纸牌、下棋、打麻将，听浴场乐队演奏的优美乐曲，度过一个下午的时光。大阳西下时乘上轿子穿越田野回家。

感谢陈季同为我们留下晚清珍贵的温泉澡堂文字"影像"。对照国内的前人文字，这描述有点像"古三座"或"六一泉"。除了"海棉汲水"的描述有点欧化之外，其

▲ 汤岭村口

余都那么真切可信。

从清军入关算起二百多年过去了，同样是从温柔乡走出来以吴适、林觉民为代表的福州男儿去黄花岗冲锋陷阵、饮弹喋血了；一批以严复为代表的船政学子漂洋过海取回西洋进步的思想火种；更有男儿泡过金汤之后扛着大炮翻越于山城墙的缺口，居高临下地向汤门永安街附近的将军署（今省立医院）开炮……。泡温泉的福州男子并不腿软，他们剪去"猪尾巴"从封建走向共和。

"百合"是花，它兼观赏、药用与美食为一体。原产于中国的百合花有五十多个品种，以甘肃兰州的食用百合最闻名。在"百年好合"的民俗涵义中，它又被赋予了许多美好神圣的象征，成为民间文化的一个组成部分。

这里所说的"百合"是温泉澡堂的名称，全称"百合温泉明园"，也就是上世纪五十年代中改名的大众澡堂。在我上一辈人口中，不称它为"大众"，而是说"去百合洗澡"。将洗浴与圣洁的百合花联系在一起，会令少年人浮想连翩的。

我是在极小的年岁时，随母亲去过百合的女浴个人池。在福州汤池店里幼女随父亲去男池洗浴是较常见的事，而幼男童随母去女池洗浴，我还很少听说。记忆中是一条长长的白色通道，两侧有不少对称的门，门内是个简洁的休息厅，放着躺椅，再往里面有个半人高的双开弹簧木门，木门内是水池，到处贴着红白相间的花瓷砖。冷热水从管道中流入，调控时靠女顾客按铃铛并对着门外大声喊叫女服务员。所以在当年罕见的白瓷砖世界里，回响着的是流水

百合温泉大酒店，曾经的大众澡堂

◄ 三山座澡堂

声和女人们的喊叫声。

这是唯一的记忆，后来再没去了。十岁时，我不自觉中将这事说给同班自认为很要好的男同学听（愿主保佑他），结果被他出卖，在归家途中引发了男同学们的团伙攻击。痛哭之后似乎突然长大，却改不了人生"不设防"的性格。从此绝少再去百合洗浴。

读高中时，应同学之邀，又去了也仅只一回。这才有心情在夜色中欣赏这座与福州传统木壳汤池店完全不同的园林式近代澡堂。永安街东头北侧，向东南的小广场（原汤门兜广场）方向开出一扇铸铁大门。入门坐北朝南一组红砖西洋建筑群，主楼前是带露台的红砖门廊，方便接待小汽车上下客。绿色瓷瓶栏杆，酱红色百页窗都从骨子里透出民国时期的经典建筑风。入门厅，靠墙是柜台，考究的家具组成会所式的布局，亮着金黄的吊灯和壁灯。现在回忆起来，虽是20世纪60年代初却还留有影视作品中民国时代上层社会社交场所布局的影子。

那回，我们比普通大池多加几分钱便去了主楼西侧的特别池，白瓷砖的水池不是很大，人少很幽静，除我们之外只有一位年轻的父亲带着他的幼女在快乐地洗澡。躺椅上铺着白色的浴巾，木屐是干的且摆放有序，白墙上亮着橙色的壁灯……。听说，这里有多种名目的特别池，楼上设男女雅座、个人池专门接待达官贵人。

原来，名"百合"的澡堂不是因花中的"百合"而命名。传说，拆建福州城动作最大的时候是1929年，当时的福建省建设厅长与他的军校老校友一起去福龙泉洗浴，在陈旧的木板外壳大石条式的老澡堂里滑倒了，一跤跌出个建新式澡堂的念头。这新型高级澡堂开创性的一店便由他那位当警察署署长的老校友出面，拉上福州警察局局长、警察局秘书，三个人发起，计划集资百股计10万元，号称"百合"。与黑呼呼的老澡堂不一样，称"明园"，最早被拉入股的还有出面征地的（号称：地方官府抛荒空地的汤门兜城基余地），首家机械打汤井的，经营过澡堂业

的……。看来这特殊的洗浴行业从一开始便是与官场与富翁有关。最后扩展资金到360股，连做洗浴木桶的老板，做玻璃五金水暖的大户都被拉下了水，还是称"百合股份有限公司"。股份制、官僚资本、仿洋式建筑成了百合明园划时代的特色。

以企业文化树公共关系形象看来并非当今的发明。百合从开业之始便不断"抖动窗口"向社会发布引人注目的信号。它的后花园以杭州西湖为借景，平湖秋月、雷峰夕照、猴山、金鱼池……岁时节庆招揽顾客唱大戏，男女评话常登台（女评话当时很珍稀），还连开了三届菊花会。同时推出的经营项目还有：中西菜馆、理发厅、照相馆、弹子房（今天的醒春居还留有遗风）、出租车、冷饮厅、贩卖部……近代社会的时尚与奢侈都在这里找到了位置。今天，在大众澡堂原址上建起的酒店返还百合的大名，称百合温泉大酒店，而福州城叫"新百合"的温泉桑拿、休闲会所在五一路上又冒出了一两家，是因为品牌、口彩还是意境？温泉百合之家"人丁兴旺"呀。

其实，福龙泉、醒春居、沂春亭是较早开设特别池、个人池、雅座的老店。但是上档次的真正意义上的特别池、雅座是位于今天六一环岛南侧的乐天泉开创的。它以海军、船政、官商为主要服务对象，使用古香古色红木高档家具作摆设，连面盆、痰盂都用铜制的并铭刻上"顺记乐天泉"，以显示身份。将大汤池设计成"七星拱月"的八口池；在雅座的命名上也玩尽了文字游戏，男座"国、富、民、安、乐"，女座"浴、德、日、新、卫、生"；特别房（提供沙发床、椅、梳妆台）"东、西、南、北"；还有8间餐厅，汉洋菜馆使用银质餐具。"乐天泉"的大名今天被一家温泉会所沿用了，就开业在原址附近的六一环岛边上，从门外的装修看似不落俗套，愿它不仅烙下新时代的印迹，还要延续温泉品牌的脉络。

同时代的"南星澡堂"位于填江造地的大桥头台江路，也是较多引进西式建筑和现代管理概念的洗浴场。用保温管道将汤水从王庄引向台江码头，虽然热度大打折扣，但还

▲ 德天泉保留了较多的传统汤池店元素

是不影响浴客的热情。一是靠它地处繁华码头的区域优势，簇立大桥头拦下八方来客。另一个原因是它店堂的现代装饰和优质服务，给市民带来了民国时代的文明与时尚。百合明圆、乐天泉、南星构成民国时期福州澡堂业三足鼎立的时髦格局。

民国的那个时代有个"新生活运动"，福州温泉也是在躁动不安中寻求新的变革，也因此留下汤堂佳话。福州场池店原本是没有擦背助浴的服务项目的。据前辈人说，最早的擦背源自一个从日本学艺归来的师傅叫天增（音），他徒手在浴客前胸后背作业，称作"扒背"。不知这是否能在日本洗浴文化中找到对应名词。对于刚刚从封建社会传统观念中走过来的福州男人来讲，这是一种来自异域的放松享受，舒筋活血加上肌肤的快感。收费是每人次高达5块银元。相当一个熟练工人的一个月工资，但这技艺还是失传，可能是被扬州擦背打败了。那年头，扒背的天增师傅保守技艺，有澡堂老板便从大上海引进扬州擦背。用羊肚毛巾包住手掌，在浴客肢体上"上下求索"可是更文明的

▲ 永泰农民澡堂窗口飘散温泉的硫磺味

事，也更适合中国人的心理和肢体需求。价格合理了，生意红火了，还培养出擦背宝、王庄乞丐等名师。名称也从日本式的"扒背"改为中国式的"擦背"沿用至今。福州汤客趋之若鹜其中不乏中国名人，在温泉之都享受皮肉快乐之后，业内人留下笑谈：其介如石的蒋先生怕痒，又痒又想擦，越痒越爱擦，福州人说"怕痒的人怕老婆"，难怪老蒋那么听宋美龄的话。福州人林森当了国府主席，可是少年丧偶，他发誓终生不续娶。也许是为了体现高风亮节，林森主席擦背时不擦臀部三角地带。据说留学日本的福建北伐司令许崇智不刮胡子。我以为他不是不刮胡子，在家照样得修剪胡子，他是在公众场合害怕刮胡子刀，军人也怕别人暗算的刀。最搞笑的还是闽北某土霸王，在政坛军界叱咤风云，擦背时其手脚不安分…

这是澡堂业最兴旺的年代。继金汤境、东门之后，王庄、水部高桥的温泉片区兴起。我是在1960年代初读初中的时候因邻座同学是水部人而被邀到这一带洗浴，印象中的几座澡堂坐落水乡黝黑拱桥的小街巷里，内部设施气派却略显陈旧。旧时，在这个城外片区经营澡堂的治安风险大于城区，但传统武术、医术和江湖义气却成特色。有澡堂业老板从小习武，以汤池店为武馆授徒传艺，还将南少林武功的骨伤科、皮肤科的中草药治疗与温泉洗浴联系在一起，澡堂前挂起草药膏药标志，自制各种膏药丸药行医施药惠泽百姓，成武林佳话。

在经营模式的引进外来浴种上第一个吃了"日本螃蟹"的失败者是叶屋汤池店的老板。该老板侨居日本归来，深受日本洗浴文化的影响，那精细的、周到的风吕屋给他留下挥之不去的印象。归闽，便在水部门外仿效日式开设了澡堂。日本洗浴文化源自中国，却是大和民族文化的分流，尤其是带原始意味的男女混浴为特别，认为此时同池洗浴男女越荡然越无邪，福州人称他们"有礼无体"。西方文明进入日本之后混浴行为才渐渐消失。这在中国儒文化背景下无论如何都不可能被接受。尽管日式洗浴场并非只是男女混浴，有它合理健康的一面，但一提起日式澡堂，中国人便简单认为是男女混浴。我想这老板也不会如此大

▲ 古三座门前

胆、盲目吧，办一处与中国传统冲突，让家属不放心、社会不接受的澡堂怎么会有生意呢？果真如此，日式洗浴文化的优点还没能在叶屋得以展现，叶屋便被福州人的口水淹没了。

福州温泉有无数新事、趣事发生在那年那月，被纪录的总是凤毛麟爪，流传中有多少是真相呢？

这是大约半个世纪前的事了。

男人们在澡堂的门厅里排着长队，一手拎着毛巾、肥皂、换洗的衣物，另一手还拿着澡堂发放的排队顺序号纸片，一脸无奈地等候店内服务员的召唤。

店里能摆上竹躺椅的地方已全部摆满，座与座之间也越摆越密集，几乎到了人挨人的地步，毫无休闲情调可言。

"进来，两位！"随着服务员一声吆喝，排到队的男人迫不及待、兴冲冲地赶去抢占已被通知属于他的座位，生怕中途会有变卦而被别人占用。木屐鞋也不够用，没有淋浴隔间，冲澡与洗头发只能用木盆舀水从头浇下去。

进水池了。常温池里人最多，开业几小时后那汤水便是乳白色的，水面漂浮着豆腐渣、花生汤似的泡沫状垢。人满为患，澡堂根本没有机会更换汤水，只能靠不时地添汤水让垢自行溢出池子。有澡堂业老职工告诉我，那些年春节

▲ 躺椅是竹木藤编的，茶几是带毛巾架的

前的旺季，下班排空池水时，那"白豆浆"似的人脂人膏沉淀物至少小半池。但这并不影响一个个赤身裸体的男人们插入水中"炖蛏"。"炖蛏"二字太形象了，它本是福州的一道名菜，小人人似的海蛏被竖插在陶瓷罐中，加少许酒水、生姜，一个紧挨一个地被炖熟。还有一个类似的比喻叫"尖柴把"也很形象，烧柴火的时代，人们将木柴劈成约50厘米的段块，用竹篾扎成的叫"柴把"，再一块块地往柴把里"尖"木块，也就是用撞击的手法插入段木，达到扎得最紧的目的。

幸好，洗澡是不必人为限时的，在池里泡够了自然主动出水上岸，否则身体也受不了。不用催促，一张张紧挨着的竹躺椅也不是休闲的好环境，洗浴毕自己会出门。所以人流量特别高。

福州城市的传统建筑根本没有卫生间，再富贵的人家也不会有电热或燃气的热水淋浴器。那时还没发明这东西。既便是有了，也耗不起那电能与燃气，连太阳能热水器也只

▲ 双龙澡堂大门有人民公社时代的印记 （山雨 摄）

▲ 双龙澡堂露天大浴池 （山雨 摄）

▲ 德天泉大堂（徐希景 摄）

在报刊科幻版的漫画里看到。那时，福州人是用木柴或煤炭在大铁锅里烧热水，然后在房间里备个大木桶——"脚桶"来洗澡。明明是洗澡用的木桶，福州人却称它为"脚桶"。入内热水浸到臀部，用毛巾引水洗上半身。对于三代同堂的棚屋区人来讲，情况就更惨了，只好在家中轮流着，找寻家中无人的时机，有时一二周也难得有一次洗浴的机会。

在这种状况下，即便温泉澡堂粗糙却成了男人们的最佳选择，更成了女人们的奢侈，有时温泉洗浴成了家庭的大事、要事，如同节日的郊外游玩。

人满为患的澡堂不是怕没有客人，而是怕客人太多。所有可以促销的服务项目几近取消。无需做广告，甚至连娱乐活动都可以取消，评话不用讲了，点心本来就稀缺也没什么可卖的，茶水只会越泡越淡，连同墙上的标语口号也从保洁、卫生换成了与阶级斗争相关的政治语句。到了"文革"期间，连保健项目的"擦背""修脚"都成了剥削阶

▲ 德天泉将温泉文化贴在浴池边（徐希景 摄）

级封、资、修（封建主义、资本主义、修正主义）的遗风而被取消。靠此手艺谋生的匠人被当作"无业游民"送往上山下乡的道路。

澡堂业回归到原始功能，纯粹的为洗浴而洗浴，洗干净立马走人。竹躺椅本来就有限，躺椅上铺着白色的长毛巾，居中印着大大的店号文字，明摆着怕人偷。人们脱下的衣服原本只要平放在毛巾上便可以放心去水池里泡，反正服务员会照看。后来，失窃事件偶然发生，有人贵重物品不翼而飞，有人被人穿错了衣裤，还有人被穿错了新鞋留下破鞋一双。贵重的手表、钱包可以寄存柜台，衣服、鞋子安全成了问题。郭柏苍笔记《竹间十日话》曾记载，清代有人因泅汤而死于池中，其衣裤被人掳劫，郭柏苍称乘人之危劫衣者为"汤鹬"。当年为了防范"汤鹬"，防盗法便非常聪明地产生了，那就是将脱下的衣裤用躺椅上的长毛巾包裹起来，在躺椅的正中系上两根红绳，用红绳扎紧毛巾和衣裤，此举一时成时尚，给小偷不便让顾客放心。这种存衣裤的方式在用布票限量供应布匹的年代，给衣服

▲ 大众化的机关浴池 （徐希景 摄）

们带来些许"安全感"。

其实，从上世纪50年代开始到80年代末，福州城还是新建和改造了不少老澡堂。温泉路上新建了最豪华的温泉澡堂，改名并改造了大众澡堂、工人澡堂、华清楼澡堂。还先后建造了政府机关浴室，这当代的"官汤"先是内部发售优待票专供干部及其家属子女使用，在学校里"官二代"们偶尔会得意地说漏嘴而讲述其内部与众不同的情景。省机关澡堂在树兜，市机关澡堂在水部，温泉路上还有一座叫"人民"也是属于机关的，后来连有条件的晋安区、连江县、永泰县也建了类似的洗浴场所。

洗浴场所在计划经济下的增加，与1958年以后第一次工业化浪潮带来城市人口的增长相比较是太微不足道了。以"人均"的概念来看待，那是一个"负增长"。由此出现供需的不平衡，在20世纪80年代开始改革开放的经济潮中才被"洗牌"了。

进入20世纪80年代，福州市国有的商业澡堂近二十家，加上企业、机关、学校内部澡堂百家依然无法满足人们的日常洗浴需求。政府将解决百姓"洗澡难"问题当作"为民办实事"的政绩来抓。

没隔几年，这"洗澡难"不难了，不是澡堂多了多少，而是房地产业的兴起让人们的住房与家庭洗浴条件得以改善，电热与燃气热水器的普及使家庭洗浴得以便捷的同时，突然间地让澡堂热"降温"了。同时，一些涉外宾馆开始引进域外的洗浴方式，也分流了部分年轻时尚的汤客，传统澡池店不仅不挤了，反而是有点冷清起来。

落入低谷，冷清了的汤池店赚不到钱改成小旅社，旅社再不好经营干脆卖给房地产商，有的改建成商住房，想经营的就在大楼里留块店堂，改造成不土不洋的新澡堂，后来有的澡堂改名叫温泉会所。

那个曾经是闽剧编剧大本营、并因此引来文人聚会的醒春居百年老店走的便是这条道。大池、淋浴、躺椅和擦背是传统老式的，换鞋取牌、立柜存衣、通透保健区、棋牌式等又吸收到外来新模式。最"搞笑"的是休闲大厅里的弹子桌，让男人洗浴之余"裸赛"康乐球，不知是福州城20世纪三四十年代遗风还是从台海传来的"台风"。几年前有个摄影家王明磊用传统纯黑白胶片拍摄了一组十分经典具有观赏价值的照片，较客观地纪录了转型期的福州澡堂影像，至今还贴在网络上。近日听说有摄影家看了《家园》杂志连载的专栏"泡着温泉话金汤"有感，又抄起数码工具"侵犯"汤客"隐私权"去了。

1999年，官方有个统计数字，当年正常开业的饮食服务公司官办澡堂剩下6家，而各种档次的"中国特色"桑拿浴是160多家，相差26.66倍。时至今日，这个倍数真不知如何计算了。

有文字记载的第一个被娱乐化的温泉是连江贵安的温泉高尔夫球场。1997年由台商完成投资建成开业，以青山、溪

▲ 夜的御温泉

水、湖泊、温泉吸引了境内外的游客、球迷加浴客。

紧接着是2000年，市区以水疗为特色的金汤国际温泉度假村开业，营业面积二万多平方米。2002年开业的黄楮林温泉，躲在闽清的深山老林之中，本是登山驴友们开发的民间天然池，后为上海商人接手投资改造。它以高山森林、峡谷底部的天池、依山而筑的梯田般的露天温泉池为特色，号称中国温泉第一溪。2004年临近水口水库库区的大明谷由香港商人投资，以温泉为核心，向闽江与水库借景造人文，药浴、精油浴、花瓣浴、牛奶浴、茶浴、醋浴、人参浴……，加上垂钓、卡拉OK、健身房……，满足人们洗浴时的娱乐心理。永泰青云山间的御温泉在2007年建成，引进海外设计理念，在转头山下依山筑起融合东西方多国建筑元素的400亩温泉度假村，并融入青山绿水之中。一个口号是"感受山的俊秀，享受水的灵动"。开业之初，那泉水是用"双龙"油罐车从20里外的温岐运送而来。为了安心享用一个"御"字，给人以帝王享受的暗示，人们采编了一个故事，有皇帝来过青云山并在此地

"转头"，是因迷恋此山此水还是见到穷山恶水那就说不清道不明了。

近年开业和准备开业的温泉游乐场就更多了：北区的源脉温泉园、贵安温泉度假村、桂湖美人谷、闽清九叠泉……连乌龙江畔的螺洲也凿到温泉井，城市化的命题中有了津津乐道的"温泉小镇"的话题。

虽然这些温泉主题的游乐场高消费，但是一个全新的温泉体验在等待，将洗浴与旅游、休闲、度假、亲近自然、享受坊间美食、欣赏异域文化等相结合，其魅力是存在的。

与此同时，一些不甘心温泉被娱乐化的文化人开始大喊温泉复古口号。他们以温泉传统文化的名义，以怀旧的心态要找回消失或即将消失的老澡堂，但说不清要的是三十年前的还是五十年前或者百年前的。

有人总结，老澡堂有"四味"：温泉汤水的硫磺味、烧开水的水煤气味、消毒毛巾的漂白粉味、躺椅上的人汗臭味。这里除了硫磺味之外没啥好味道。漂白粉味给人安全感但已被更无味少污染的消毒剂取代。我以为老澡堂还有"四声"：木屐声、冲水声、透脚声（方言：泡到舒服时的叫喊）、拱叭声（方言：吹牛侃大山的群体人声）。这里几乎消失的只有木屐声。用粗木板钉上一段旧帆布带便成木屐，踏着池畔的石板路发出"滴滴达达"的声响，这是怀旧人最思念的旧物，似乎可解温泉之"乡愁"。所以要求木屐回归的声音也从未间断过，后来总算有了些许回归，在市直机关澡堂、德天泉澡堂、工人浴室……

但是，复古不等于复旧。这些文化复古的呼声到了个别经营者手里，便成了形式上粗略的复旧，而这被复制的旧境又是温泉最"粗茶淡饭"的困难时期往事。所谓复古要复的是古汤池洗浴文化给人放松、安静的内在美感。复古的洗浴环境不是要搬回破旧的物件：磨边的旧桶、断带的木屐、滑腻的兴化巾……，不是摆出脏乱差的低廉澡堂模样。其形式是要在传统的基础上应用现代的理念，吸收当

▲ 大明谷温泉度假村泡澡时可远眺闽江景色

代洗浴行业时尚事物。比如，装修的洗浴池与休息区、周到的服务生、更衣室的存衣柜、带塑料膜的泡澡木桶、有造型的竹木水勺小水桶、消毒的干毛巾、正品的沐浴液和洗发水、不漏电的电风吹、带毛巾垫的无臭味躺椅、福州特色的茉莉花茶、饮料、点心……。当然木屐可以有，但要有现代精致的美感，如上等木料、油漆、造型。

所幸的是，新近开业的原汤木桶浴等，为福州温泉的新模式做出了有意义的探索。天然降温冷热泉相兑的原汤给人原汁原味感，带薄膜套的木桶解决公共浴室的卫生问题，简洁的现代装修给人舒适的洗浴环境，半透明毛玻璃隔断给人明亮与私密同在的安全，如能再增添几件精美小巧的、竹木制作的后现代洗浴用具，那就更具情调了。

希望会有新开业的洗浴场步其后尘，将大众澡堂与温泉会所、养生馆的经营模式相融合，让保本经营的大众洗浴与营利经营的保健项目互补，做到优雅、舒适、静谧、阳光，走福州温泉的新路子。

回到温泉的精致概念上来

一句"哈哈蛮去",让福州人的性格中有了因陋就简、能用就行的随性,表现在传统的大众化汤池店上也就成了廉价、实惠、粗糙,不顾细节、不求精致的代名词。

所幸的是大手笔的温泉博物馆以"领略温泉文化,普及温泉知识"为宗旨,依托着温泉公园的建设,一个集温泉文化展示、传播、探讨、体验,加上休闲、娱乐、保健的高端载体即将呈现在市民面前。但愿成功!

其实对于普通市民来讲,除了温泉博物馆、温泉主题公园以及娱乐化的温泉游乐场之外,还需要日常生活中有档次的温泉产品。

现状不容乐观。福州城区传统的温泉洗浴目前只有七家,三家由国企经营,一家南星在闽江边建楼房,醒春居、温泉、华清池三家承包私企经营合同尚在执行中,余下机关澡堂、德天泉澡堂、工人澡堂以"福龙泉"公司名义在国企的旗帜下营业。传统汤池店的洗浴对象、消费者主要是

▲ 龙泉喷涌 （徐希景 摄）

中老年人。从业者认为，他们企业所做的社会效益多于经济效益，缺少政府行为的大资本投入，企业自身没有足够的利润，一切都在低成本中运营。

尽量保持传统浴室优秀的一面，同时谋求发展。泡龙汤、品茉莉花茶的同时所能做的保健只是擦背，连茉莉花茶的成本开支都不知道在哪里，最后端上来的只是茶没有花香。限于地盘，连办一处阳光型的正宗保健区都不敢设想。最可行的方案是给七十岁以上的老人打折优惠，这好传统做了几十年了。

入门处青砖屏风上刻个龙头加碑文，在洗浴池旁出温泉水的地方用青石刻龙首，以形象化地体现龙泉龙脉；墙上能贴的地方都贴上了彩绘的温泉历史、保健文字和古人关于温泉诗词的书法；在非常简陋平凡的洗浴场所将洗浴区、个人池包厢用福州古汤池的名字，用三坊七巷的名字来命名……。他们的确很努力，很热爱福州，热爱温泉文化。

▲ 黄楮林温泉景区号称中国温泉第一溪
◀ 黄楮林的这组设计灵感可能来自世界名画《泉》

光墙上贴贴还不行，为了追求"原汁原味"，从地底下挖出数百年古汤池的巨大青石条，按原尺寸砌起三口汤池；为了要营造温馨气氛，做木屐鞋，让木屐敲打福州汤池店的青石地板，让木屐声有节奏地回到榕城大地。别说木屐造型和油漆了，刚投放没几天歪瓜裂枣似的木屐也就不翼而飞了不少。给躺椅加上白浴巾做垫子，立马就有了鞋脚印和黑擦痕。专供的消毒毛巾有人嫌不干净（可以理解！当今消毒企业的确会让人不放心），非用自备的不可。不得带浴巾入水池和不得在池中搓背的专项整治活动也很快流产了……。

这就是福州传统汤池店，习惯成自然。人们习惯于花很便宜、很低档次的价格洗个澡。人们还习惯于在"尖柴把"（方言俚语：人挤人）地泡澡，在"炖蛏"（方言俚语：拥挤地直立于水池）中下意识地搓背聊天，甚至有人热衷于打过肥皂水之后跳入水池"融冰棒"（有淋浴之后只是个别现象）。有人还会反问，静静地在池里泡着不就等于没事可做了吗？

▲ 湖东温泉泵站旁的源脉温泉必是真原脉

外地来客见此情此景，只能退却。

某当代"官汤"，号称是"让太太放心的浴室"。暂且不去评议这开澡堂的"宗旨"口号其中蕴藏的潜台词和社会学意义。只说说它实践的一次改良。他们学习温泉会所，入门换鞋、领手牌，进大厅更衣锁与服务员两锁并用，领消毒毛巾，淋浴处有沐浴液、洗发水，洗后入座供香茶……，当然增加服务后天经地义要涨价。也就那么几块钱，结果是客源流失。当然大部分是流失在本系统的低档老汤池店中。而自称新中档的模式却唤不来中档的客源。沉不住气的领导们只好下令拆了更衣室的存衣柜，重新摆回躺椅，让鞋子重新带着满街的尘土入场。价格降下来，客流量回升了。市场培育就这么难吗？还是经营者沉不住气？

落脚于城市中心区的传统澡堂，限于地皮的不可扩展性，没有大的资金投入，不可能在硬件上大改造，同时也很难

▲ 御温泉之夜

在软件上脱胎换骨。

我想：传统汤池店就让它传统下去吧，让它随时代发展而慢慢进步吧。我们还是淡定从容地去做精致澡堂的文章，不妨将大手笔用在开发上，将温泉路、温泉支路改造成温泉步行一条街，让它名副其实。在街的两侧，各种以温泉产品为中心的商家都要有着浓郁的福州地方特色，用温泉打造出一种榕城特有的温馨情怀。这里的温泉环境可以刻意地营造并延续历史上某个特定时代的风情，比如初看上去像清末民初，细看又不完全是，而是各种传统风貌的多元合成。住宿、美食、保健也就无形地"镶嵌"其间。这里有专门为浴室设计的当代建筑，以区别于用现代商业楼盘改造的洗浴场。它应该是雾蒙蒙地保温着，但又让人呼吸自如，它用百页窗代替铝合金窗，避光、障眼又透气，弧型、尖型的顶篷不会再滴冰冷的水……。

我们还可以在离城市不远的地方，改造一两个温泉小镇。在出温泉的古乡村依托"农家汤"带动温泉文化产业的经

▲ 御温泉之晨

营。桂湖、贵安、白沙汤院都有可能成为最佳选择。为什么一定要建那么多的温泉游乐场呢？这是温泉文化与温泉经济在这里争夺温泉资源。

在日本的群马伊香保就有这样的一个小镇，镇中心365级台阶两侧共有12家温泉旅馆。其间以传统为主的沐浴感受完全有别于大型游乐场式的温泉度假村，却是日本民众情调式温泉度假的最佳选择。

人类的洗浴是分步骤进行的，如同孩童下水，可能先是为洗澡而洗澡，泡一泡，去汗除垢，然后开始打水战，泼水玩游戏。玩累了，找个平静的地方仰泳水面或平躺在岸边休息。最后，可能会相互按摩、捶打达到活筋松骨，满足养生保健的需求。在这里，养生成了温泉浴最高层面的需求。

国际上有温泉专家认为：泡汤洗浴、洗浴后的游戏、静养休闲、保健养生是泡汤文化的四部曲，而原始的泡汤与终端的保健是四部曲中的关键。

民间有一种说法，秦始皇建骊山汤院是为了静养其疲惫的身心及治疗疮伤。而替他找仙草的徐福东游到日本，也探寻过能疗伤的温泉，在日本至今还有温泉被称为"徐福汤"。

温泉是属于健身的，它不完全是娱乐场所，今天我们周边的温泉游乐场，占用了太多的土地与温泉资源，而占地不多的保健型温泉却有点稀少。韩国至今还将温泉浴所用中草药方称为"汉方"，知名的便有麦饭石蒸汽浴。

福州温泉能治病，才有了金汤的美誉。千年前来闽的越南使节治愈了疥疮，古八角井澡堂木板门柱上于上世纪50年代还贴满膏药纸的事实，都验证了它对神经、心血管、皮肤、精神方面的健康功效。香港脚不适时，去真温泉泡脚，翌日便生效，这是很多市民的验方。

20世纪80年代，福龙泉澡堂当时还叫新榕浴室，与福州市中医院有过一次合作。中医院在新榕开设了一个按摩理疗室，进行浴客的保健服务与治疗。合作在三年后划上句号。双方都认为没有利润，也就没意思再玩了。那时人们的保健意识、对温泉的认识、消费观念都有时代局限。不信的话，今天谁拿出真本事，再来试一试。

由此看来，福州还应有一个由正规医疗机构主办的温泉浴医院。可以用金鸡山温泉疗养院来改造，也可以在福州按摩医院的基础上扩展，还可以创新立业建个温泉主题的新形态医疗机构。它由专科医生诊疗指导，也按各种病症分神经科、心血管科、皮肤科……以温泉浴加理疗的手法去治疗疾病。听说在日本就有"汤治场"，就是以汤治病的场所。除了恶性肿瘤、结核病、时疫的霍乱、伤寒等烈性传染病之外都可以用汤来治，发汗的过程是一种活血化淤、排毒治疗的过程，这是有科学依据的。作为温泉医疗机构不同于温泉游乐场，它没有将更需要用温泉治疗的各类病人拒于温泉之门外。

▲ 御温泉

走进闽地乡村温泉小镇，几乎每一村镇都保留了一处免费浴室，民风淳朴啊。我们城市未来的温泉能否回归免费的洗浴？天生的温泉本无价，加入人为的服务才有了价，所以收费场所的服务特别强调"周到"二字，价格越高服务细节越要好。那么"零服务"的、简化细节的温泉浴室加上社会的公益行为便有可能做到不收费，其间如抽取温泉、打扫卫生、消毒用具、照明、排气等最低消耗便请政府用税费买单，如同今天街头一座座漂亮、卫生、上档次的公共卫生间。免费温泉浴的服务对象是城市低保人员和暂时有困难的外来者。如果我们的"温泉之都"有这种关爱弱者的精致之心，那将是全球温泉最佳的仁爱典范。

我曾弱弱地问过一些业内人士，这是否可行、可操作？他们都回答：只要小康社会的政府肯买单，就行。

日本旅游景点中也有免费温泉，那是在街边建造的一座亭，让温水活泉绕亭流过并供路人泡脚。这与上述"雪中送炭"相比，那只能算是一种"锦上添花"吧，玩一玩而已。

最近，有人提议在三坊七巷街区建一处仿古建筑开汤池店。初听起来似乎有点好笑，但细细一想也不无道理。过去官坤与富商结合的三坊七巷已经是历史，今天的三坊七巷是当代人以历史的名义打造的商业圈、旅游目的地。没什么行业是可行不可行的。历史文化名街的人也一样得洗浴，而三坊七巷街区总体上古香古色的氛围正好容得下有着两千年洗浴史的福州温泉，还有冷热进水管道、污水有得排，有来自全国逛三坊七巷的人流作客源，问题是这么高的土地与建筑成本打造温泉，可能是赔本买卖，谁来买单？谁来经营？

福州温泉赋

· 陈章汉

有福之州，百福骈臻。闽都地热，冠绝东南。五凤朝阳，
天生丽水；九龙经脉，地出金汤。泽被乎斯城，涵泳万
载；惠施于广众，源溯千年。晋凿内河，热泉喷涌；唐拓
罗城，龙眼觐天。凿石为槽，初成露天民浴；砻石为井，
辄有豪舍官汤。恰榕垣首善，灵窟珠联，日产万吨，汤院
比肩。不分贵贱，无论尊卑，与君共享，惟缘是登，正合
海之大量，城之有容哉。

金汤之浴，岂止活血祛病，免疫消疲；更块垒冰释，郁结
渐融。曾令李纲称奇，叹何似汤浇病叟；师孟惊诧，问几
时泉落天涯？道是非福人，焉临福地；有龙脉，方得龙
泉。是以骚人题咏，墨客赠联，鸿儒驻足，商旅留连。
身心藉以善待，天物得尽所长，应是双份福祉，何乐而不
为？

肌肤之幸也，一摩挲田黄，二赤膊洗汤。其时也：一池金
汤，两眼生风；三围勿论，四肢放松；五内舒泰，六神和
衷；七窍无碍，八面融通；九龙传说，十邑旧闻，都入谈

锋。多少尘凡虑，尽涤一泡间，怎一个温柔之乡！

泡汤一族，尤耽老式澡堂。呼朋唤友，池畔扎堆；竹椅联躺，劳背互推。木屐声声里，水烟袅袅间，或品茗听曲，或海侃神聊。风云三界外，乾坤一壶间。清逸散淡若此，几欲登仙！坊巷名媛，深宅闺秀，无论学富五车，金莲几寸，亦心向往之。但凭挑汤上门，放浪桶中，或可解瘾于氤氲。女为悦己者容，安肯错过一泡忘年？

蒙地母之钜献，水质好，温度高，埋藏浅，泉眼多，更存储之丰，取之无尽，分布之广，遍及城乡，好个温泉之都气象，金汤名府风流。解甲更衣，浴而来矣；风乎舞雩，咏而归焉。多福之州，有福同享——正是中国温泉之都宣言！

岁次庚寅秋陈章汉撰于闽都九赋轩

▲ 福州《温泉赋》碑刻 （沛骏 摄）

福州溫泉賦

温泉浴疗

附录2

· 叶锦先

我国的温泉资源众多，已知的温泉达2444处。温泉浴有很好的保健和辅助治疗作用。

温泉对人体的作用机理有两个方面。物理效应：指水和水温对人体的作用。泉水的温热可使毛细血管扩张，促进血液循环，而水的机械浮力与静水压力作用，可起到按摩、收敛、消肿、止痛之效能。根据检测，人在水温35℃的温泉中浸泡3小时，出现尿量增加，心脏供血量增加50%，体重平均减轻0.5公斤，食欲增强等。热水浴也有相同作用。化学效应：是泉水中的特殊化学成分所产生的，温泉水中大多含有硫化氢、二氧化碳、氡等气体，以及铁、锂、硼等各种微量元素，还含有大量阴子，这些特殊物质都会对人体起作用。这就是温泉的化学作用。不同的温泉适应症并不完全相同，例如硫化氢泉具有兴奋作用，因此就不适合于神经官能症病人，而碳酸氢钠泉及硫酸钠泉主要用于消化系统疾病，碘泉用于治疗妇科病及循环系统疾病。

李时珍的《本草纲目》记载："温泉主治诸风湿、筋骨挛缩及肌皮顽疥，手足不遂……"其适应对象主要有以下几点：

（1）皮肤病：鱼鳞病、痤疮、结节性红斑、结节性痒疹、银屑病、神经性皮炎、荨麻疹、皮肤瘙痒症、过敏性皮炎、脂溢性皮炎。

（2）神经系统疾病：肋间神经痛、脊髓前角灰白质炎、脊髓侧索硬化症、脑外伤后遗症、末梢神经炎等。

（3）肌肉关节病：腰肌劳损、棘突炎、外伤后遗症、骨折后遗症、半月板损伤、软组织损伤、风湿及类风湿性关节炎、肥大性关节炎、坐骨神经痛、强直性脊椎炎、肩关节周围炎及各种肌肉萎缩等。

（4）消化系统疾病：慢性胃炎、慢性结肠炎、溃疡病、慢性胆囊炎、慢性肝炎、胃肠功能紊乱、习惯性便秘、胆结石等。

（5）呼吸系统疾病：慢性气管炎支气管哮喘和轻度肺气肿。

（6）循环系统疾病：早期冠心病、早期高血压血栓性静脉炎等。

（7）泌尿系统疾病：慢性肾盂炎、泌尿系结石。

（8）其他：肥胖病、糖尿病、神经官能症、妇科病等。

温泉浴不宜在空腹或饱餐后进行，疲劳时亦不宜进行。老人和身体虚弱者在温泉浴后偶尔有发生虚脱晕倒者，若感到头晕、心悸，应立即出浴。一般每次10-20分钟，15-30次为一疗程，隔3-7天再开始第二疗程。洗温泉浴还要注意个人卫生，以防疾病交叉感染。

温泉对某些病患并不一定适宜：溃疡病出血期不可进行温泉治疗，重症糖尿病、晚期高血压、严重的心功能不全、肝硬化、各种肿瘤、心肌炎、心力衰竭、心肌梗死急性期、脑血管意外急性期、肝或肾功能不全、精神病、癫痫、癔病、急性传染病、活动性肺结核及孕妇，都属于温泉治疗的禁忌范围。此外，青年男子不宜过多进行温泉浴或热水浴，因为水温提高了阴囊和附睾的温度，可能对精子发生和成熟产生障碍。医学家曾对喜欢蒸汽浴的男性进行过研究，发现多次蒸汽浴后，男性的精子数可减少，精子活力减弱，未成熟的精子和畸形成熟的精子增加。如果男性每周泡温泉或热水浴3-4次，温度40℃以上，产生头部畸形精子和不成熟的精子均有明显增高。而且随着水温的增高和洗浴次数的增加，精子的数量和活力则随之下降。精子质量不高，最终将导致男性不育。

如果没有条件进行温泉浴，还可以在家中进行热水浴。热水浴医疗效果比温泉浴要差，但也可以利用热水的物理效用，起到类似的保健作用。因为热水能扩张血管，促进血液循环，增强新陈代谢，对神经痛、风湿性关节炎、慢性中毒、肾炎、肥胖症等有一定疗效。温度稍低的温水浴能起到镇静、减轻心血管负担的作用，对高血压、神经衰弱、失眠症、皮肤瘙痒等具有良好疗效。

家庭中的热水浴，可以加入各种添加剂，以增强热水浴的保健效果。例如：

艾叶浴：在洗澡水中加艾叶，浴后有温暖感，可祛风寒骨节痛、四肢麻木、腰酸背痛,使人红光满面,精神畅快。

酒浴:在温热的洗澡水中加入500ml白酒,再行洗浴。酒浴对血液循环有促进作用,调节体内生化代谢及神经传导,对皮肤有良性刺激,使皮肤光滑、柔润、富有弹性。同时对神经痛、风湿性关节炎等也有辅助治疗作用,还能防治伤风感冒,对神经性皮炎、湿疹、皮肤性瘙痒等皮肤疾患均有较好的效果。日本岐阜羽岛市的千菊酒庄,制造出一种专供沐浴的酒,这种酒中含有大量的对人体有益的氨基酸、蛋白质、维生素等。一瓶酒可用两次,使用时很容易出汗,使人感到温暖舒适。

香浴:用香树或香木(如沉香、檀香)煎汤,兑入洗澡水,可治关节病痛。

醋浴:在热洗澡水中加入500ml食用醋,再行洗浴。这种方法有活血止痛、祛风止痒的功效,可使肌肤细嫩,能加快扩张的汗毛孔收缩,使皮肤粗糙者变得光洁细腻,消除色素斑和防止皮肤老化,可使皮肤变白,且能中和皮肤表面的碱性,杀灭细菌,是女性美容的最好沐浴方式。对多种皮肤病、瘙痒症也有治疗效果。可消除疲劳，外出旅行疲乏，洗一次醋水浴，会使肌肉轻松，身体舒适。

茶浴：茶浴具有护肤功效。皮肤干燥的人经过几次茶浴就能使皮肤变得光滑细嫩。茶浴简便易行，在洗澡水中兑上冲泡的茶汁就可以了。茶浴后全身会散发出茶叶的清香，感到舒适凉爽。台湾花莲县的部分茶园专门设立"茶浴"的服务项目，在浴盆中泡上茶水，供人浸泡沐浴。

橙浴：用橙子或萝卜叶装入布袋里，放洗澡水中浸泡后，使皮肤润泽，温暖舒适。

盐浴：洗浴时用食盐在肩、腰、腹、脚等部位加以搓擦，充分按摩，至皮肤呈赤红色后用清水冲净，然后加入浴缸在温水中浸泡20分钟。盐浴可以促进血液循环流畅，而且盐具有渗透性，可渗入皮肤内，将毛孔内多余的水分及微细物质、脂肪等排出，故能达到减肥效果。盐水浴还能使皮肤洁白，增强弹性。此外，盐浴对神经系统有镇静作用，对解除疲劳性腰腿痛，治疗脱发，降低血压等也有一定疗效。

芥末浴：将一汤匙芥末加入浴水中，可除疼痛，可疗关节炎、外伤瘀肿、腰腿酸痛。

奶浴：美容专家研究指出，在洗澡水中加入一杯全脂牛奶，外加入一定比例的蜂蜜、西瓜汁、小苏打、精盐，搅匀后浸泡、洗浴全身，能使皮肤毛孔收缩，消痒解乏，疗肌爽肤，皮肤呈柔滑光泽。

本文作者系：
福建省老科协卫生分会顾问、星光文化社名誉社长
国家中医药管理局重大科技成果评委会委员
中国药膳研究会专家委员会委员、福建药膳研究会会长
福建中医药大学中西医结合临床硕士生导师

传统温泉澡堂 以传统的高中低温三大池加个人池和淋浴为主打，配上木屐（或拖鞋）、竹藤躺椅，有的澡堂还有传统擦背、修脚服务，是低消费（几元十几元不等）的大众洗浴场所，最能体验到较本真的福州温泉澡堂气氛。多数店家拥有自家的温泉井。

古三座 号称肇基于唐末五代，是福州现存辈份最高的澡堂。栖身于繁华的五四路闹市的新村群中由老村民们集体管理，拥有自凿深井却只能租用场地经营。公交5、9、22、51、52、55、69、72、107、117、121路古三座站可达。

三山座 福州别号三山，取三山座为名意在雄冠全城。20世纪20年代初创时，它确实是福州拥有最多座位的大澡堂。如今隐于温泉支路的八角井小巷里经营，规模还不算小。门前仿古装置了一口小八角井只是个象征，历史上粗犷的温泉八角井可不是这样子的喽。公交61路温泉支路站，9、11、27、72、78、106、118、130、133路八方大厦站，2、

61、70、78、100、107、K3路温泉路口站经温泉路步行数百米后可达。

温泉澡堂 半个世纪前温泉路上的温泉澡堂是福州最时兴的澡堂，场地大、功能多、装饰时尚；如今回归平凡，设施还有点陈旧感。但作为传统澡堂，依然保留着初建时精致的印痕，体现当年风情。公交61路温泉支路站，9、11、27、72、78、106、118、130、133路八方大厦站，2、61、70、78、100、107、K3路温泉路口站经温泉路步行数百米后可达。

醒春居温泉会所 温泉支路金汤境旁的这座百年老店曾经是文化人聚会泡澡的场所，20世纪80年代旧址改建时，经营者力图引进一些新的洗浴文化元素，算是部分吸收外来经营模式的传统澡堂，给浴客周到、方便的同时尚能体验到福州澡堂的传统氛围，今装修后已改制成高端温泉会所。公交61路温泉支路站，9、11、27、72、78、106、118、130、133路八方大厦站，2、61、70、78、100、107、K3路温泉路口站经温泉路步行数百米后可达。

市机关温泉澡堂 位于古田路南侧的古乐路上。计划经济主导时代政府办的澡堂，主要是为了解决政府机关干部职工洗澡难而开办的，后来开放走上社会。有大池也有个人池包间。自拥深井，水质好水量大池子多，洗浴环境尚好，淋浴门特别多就是不装淋蓬头，不知为什么。公交7、16、40、62、69、71、73、74、79、80、92、97、103、125、129、202、306、318路古田路站可达。

德天泉澡堂 泉以德为天的老澡堂有几十年的历史，是高桥片区几座老澡堂合并后的产物，位于闽都大厦西南侧柳前巷里。房地产大改造的年代，在澡堂原址建起新村楼房，设计时预留下两座楼的底层作澡堂专用。装修时，在墙上门上构件上设置了不少老澡堂文化元素，尤其是挖出原汤池的大石板，重砌汤池，是老澡堂最可寻味的地方。公交7、16、40、62、69、71、73、74、79、80、92、97、103、125、129、202、306、318路古田路站可达。

工人浴室 与德天泉澡堂近邻，也是个保存老澡堂文化元素较多的地方，合理利用后的小场地更拥挤也就更有洗澡的气场。店门口的两三家小吃店品种、口味、价格都不错，好像是专门与澡堂配套的。公交7、16、40、62、69、71、73、74、79、80、92、97、103、125、129、202、306、318路古田路站可达。

华清楼澡堂 地处福州城市南北交通干道五一南路上，从温泉地带掘深井铺设三公里多的保温管道，将温泉引入台江商贸区的北侧地带。一看这店名便有文化含量，典出西北骊山名泉华清池，可联想唐玄宗和杨贵妃的故事，泡汤亦可常念白居易之《长恨歌》。公交2、3、6、14、15、29、37、39、51、71、81、82、309、320路十四桥站可达。

源汤养生馆 在六一中路由原温泉地热机构的办公楼改建为洗浴场所，有福州最优质的温泉深井。严格讲它不属于传统澡堂模式，却成为传统澡堂业某些项目新的努力方向。

源汤的概念就是将温泉自然冷却，与热水勾兑成人体适合洗浴的温度。分木桶浴公共区和包厢两个项目，公共区以大厅加毛玻璃、布帘隔断的形式营造公众下的私密空间。木桶加塑料膜加淋浴解决了公共卫生问题。消费价格人均五十元左右，还算物有所值。公交17、57、74、129、306、K2路紫阳立交桥站可达。

皇岛澡堂　位于六一南路，在译坛巨星首译《巴黎茶花女轶事》的林琴南之故里莲宅村的正对面。刚开张不久的民营澡堂，全新的环境全新的设备，八元钱的洗浴费给人耳目一新的感觉。公交17、57、74、129、306、K2路紫阳立交桥站可达。

沙澳温泉　从洪山桥的西客站朝闽侯甘蔗方向，在桐口村与光明村之间，绿洲家园的斜对面有沙澳温泉，自有温泉井，水质好，一层是传统澡堂模式。公交33、38路沙溪站可达。

永阳大众澡堂　永泰县城关清凉溪西南岸吉祥小区临街开业的洗浴场所，是集传统澡堂与温泉会所各自优点为经营模式的结合体。地下层为大堂浴室，手牌、衣橱、大池加淋浴、竹躺椅、沐浴液……全新设备和融合的理念。一层二层为木桶浴加保健区。从福州北站、西站均有班车到永泰车站，换乘公交、的士、摩的可达。

温泉小镇农家汤　福州城市周边的温泉村，农家自主经营的小浴室，以木桶浴和盆浴为主打，二十几元洗一桶，消费不贵却温馨、自在、安逸。

桂湖　走三环高速穿贵新隧道，二十几分钟便可抵达的宦溪镇桂湖村是离福州最近的温泉小镇。有几十户农家自主经营着乡村木桶浴，同时也有几处中小规模的温泉游乐场，配套泳池、露天浴场等项目。从市区至贵安、桂湖公交旅游专线有三条，分别由五一广场、旅游集散中心、华威城乡客运站发车经桂湖至贵安新天地。

贵安　地处连江县与福州宦溪交界地的贵安温泉有近千年的历史，宋代便是温泉驿站，与众多名流有关，尤其是宋代大儒朱熹。今天的贵安有健身的高尔夫温泉、有会议中心配套的温泉度假村、有大型的温泉水世界游乐场，还有农家温泉浴室和游泳池。上绕城高速穿两条长长的隧道，出洞口下高速便是了。从市区至贵安、桂湖公交旅游专线有三条，分别由五一广场、旅游集散中心、华威城乡客运站发车经桂湖至贵安新天地。

汤院　从福州城西客站沿洪甘公路伴着闽江溯源而上，过白沙镇沿江东岸走省道朝闽清方向行十余里有汤院村，自古是水陆交通的交汇点，曾经繁华异常。橄榄树丛中，十几户现代农家沿江建有"农家汤"，洗浴可与观江景同时进行。公交33、603路仅到白沙镇，再乘乡村巴士往汤院。

汤埕　从永泰县城南出行沿大樟溪西行过赤锡乡进入梧桐镇地界不远便是汤埕村，从路边的公路桥上便可俯瞰温泉井架沿溪林立的景象。沿溪的现代农舍已经挂起了"农家汤"的广告店招。从永泰县城乘乡村巴士前往。

温泉主题游乐场 以现代观念和经营模式打造，以温泉为主题，集休闲、养生、娱乐为一体的大型度假村游乐场。

黄楮林 号称"中国温泉第一溪"的黄楮林温泉位于316国道旁。从福州过闽清县抵达雄江镇地界时向西转旅游公路，路口立有石牌坊。约行十公里在原汤下村的山坡地上，以山谷的青龙峡天池为中心梯田式地仿天然制作，筑起几十口流泉活水的温泉池。与酒店配套，又有登山古道环绕，森林中的温泉浴除了"天然氧吧"之外，别有一番韵味。

大明谷 从福州开往南平的316国道上，过雄江镇往东转向去古田水口的方向有一座水口大桥，桥西汤兜村的地界上临闽江水库开辟了温泉村，视野开阔、风光秀丽。健康水疗、休闲养生，是一座以温泉为主题的大型度假。

双龙　从福州出发过湾边大桥，开往永泰的公路上，闽侯南屿镇与永泰塘前镇临交界的双龙村有双龙温泉。由当地民众设计经营管理的游乐园式的温泉村以朴实为本，独具本乡本土的民俗文化气息。

御温泉　依托于永泰县青云山风景区的御温泉是酒店式温泉度假村。从永泰城关向南过路岭镇在转头山下的精巧有气派的建筑群便是。由美国、日本的企业策划、设计的建筑群依山而筑，错落有致。露天温泉、山涧温泉、木屋别墅与现代豪华建筑交汇，又与青云山的青山绿水、溪流瀑布融为一体。让客人感受豪华与周到是这里的追求。

源脉　福州城区的温泉园，位于福飞路的龙腰上，与屏山公园镇海楼毗邻，常常以主流文化的心态做些温泉文化的活动。交通方便、上档次、有规模是其优势。公交9、19、54、65、78、111、129路龙腰站可达。

1958年，母亲调离中共福州市委党校到温泉小学报到。每天徒步上班大约5公里路，对于一个患先天心脏病、体重只有40多公斤的中年妇女来讲，实在是太艰难了。从市中心到城乡交接部，从民国式红砖教学大楼到乡村古庙学堂，从面对工农兵干部学员到面向乡村学童，这变化太大了。幸好，母亲20岁前后正逢日军侵华战争，她曾只身流落闽北各地乡村以教书为业，以无数破庙旧祠为课堂，面授无尽的乡姑村童。这次调动工作对她来讲是乡村情感上的"回归"，给了她一种欣慰。从此，她每天一早拎着藤篮式的书箱从花园弄出发，穿过法海路、仙塔街、东大路、澳桥、温泉路抵达金汤境。每天站在古汤涧鎏金的藻井下，以无门无窗的戏台为教室，面对纯朴的温泉学子授业解惑。她深深地爱上了古庙里的温泉小学以及被温泉水氟锈了一口黑牙的孩子，心里常常默念的是：人的生命是有限的，为人民服务是无限的。在物质最匮乏的年代，她还与师生们一起"十边栽种"，在庙前涧后的池畔河旁种过小麦、高粱、豆荚和青菜。

对于11岁的我来讲，母亲的这次工作变迁，使我这个城市孩子第一次感受到温泉水乡的概念。有时，我会从五一路的福师附小到温泉小学与母亲共用午餐。几乎每个周六的下午，我会在温泉小学里度过农耕劳作、温泉浴和娱乐的时光。以少年人的心灵亲历了温泉澡堂、温泉井、温泉庙宇、温泉从业人及其后代的生活点滴，给了我一个对温泉的亲情式认知的机会。这完全不同于一般孩子对温泉仅停留在洗浴上的感受。

几十年过去了，当骨质疏松的身躯需要温泉呵护的时候，我又回到了金汤境。一切是那么的熟悉，而变迁都在意料之中。"汤涧中的温泉小学"成了我在这里的亲情通行证。我很想写点什么，为了母亲也为了温泉。

感谢家园杂志社的许灵怡来访，当她坐在我工作室里提出要我开一个专栏写作时，我的第一个反应便是"温泉"。能有内容写全年12篇吗？有！写温泉文章的人够多的。但有我这样的亲历感受吗？于是2012年第3期至2013年第2期

▲ 温泉小学1959届毕业时师生合影在汤涧古殿改建的教室前

《家园》有了"泡着温泉话金汤"的专栏，是这本小册子的原始形态。

感谢作家、书法家陈章汉的《福州温泉赋》，感谢医学教授叶锦先为本书作的《序》和《温泉浴疗》，他们的大笔都为本书增光添彩。感谢小册子的第一位读者林娜的编辑校对。感谢文化人山雨、徐希景、沛骎提供相关照片。感谢在采写与拍照过程中提供帮助的所有朋友以及打扰过的路人与汤客们。

我在写作中参考了福建科学技术出版社《福州温泉志》和海潮摄影艺术出版社的《福州温泉文化》，在此向撰稿与

编辑人员致谢。

愿这本小册子的文字和图片能给今人提供洗前浴后的消
遣。愿有相似亲历温泉的人能从中找到自己心灵的影子。
如果后人能从中解读到一些关于当今的温泉史料，这便是
这本小册子微微的价值、作者浅浅的欣慰了。

唐希

2013.6.26

图书在版编目（CIP）数据

话说福州温泉 / 唐希著. –– 福州: 海风出版社.
2013.12
ISBN 978–7–5512–0130–8

Ⅰ.①话… Ⅱ.①唐… Ⅲ.①温泉 – 文化 – 福州市 –
通俗读物 Ⅳ.①P314.1–49

中国版本图书馆CIP数据核字(2013)第276622号

话说福州温泉

唐 希 著

责任编辑： 张力

出版发行： 海风出版社

（福州市鼓东路187号 邮编：350001）

印　　刷： 福州青盟印刷有限公司

开　　本： 787毫米×1092毫米　1/ 48

印　　张： 3印张

字　　数： 90千字　　**图：** 79幅

印　　数： 1–2000册

版　　次： 2013年12月第1版

印　　次： 2013年12月第1次印刷

书　　号： ISBN 978–7–5512–0130–8

定　　价： 20.00元